KB064713

뜻밖의 수학

뜻밖의 수학

1판 1쇄 인쇄 2022년 11월 7일
1판 1쇄 발행 2022년 11월 14일

지은이 박종하

발행인 박주란
디자인 임현주

등록 2019년 7월 16일(제406-2019-000079호)
주소 경기도 파주시 문발로 197 1층 102호
연락처 sowonbook@naver.com

이 도서는 한국출판문화산업진흥원의 '2022년 중소출판사 출판콘텐츠 창작 지원 사업'의 일환으로
국민체육진흥기금을 지원받아 제작되었습니다.

ISBN 979-11-91573-11-4 03410

뜻밖의 수학

✖ 특별한 수, 특별한 삶, 특별한 나
나만의 답을 찾아가는 특별한 여행 ✖

박종하 지음

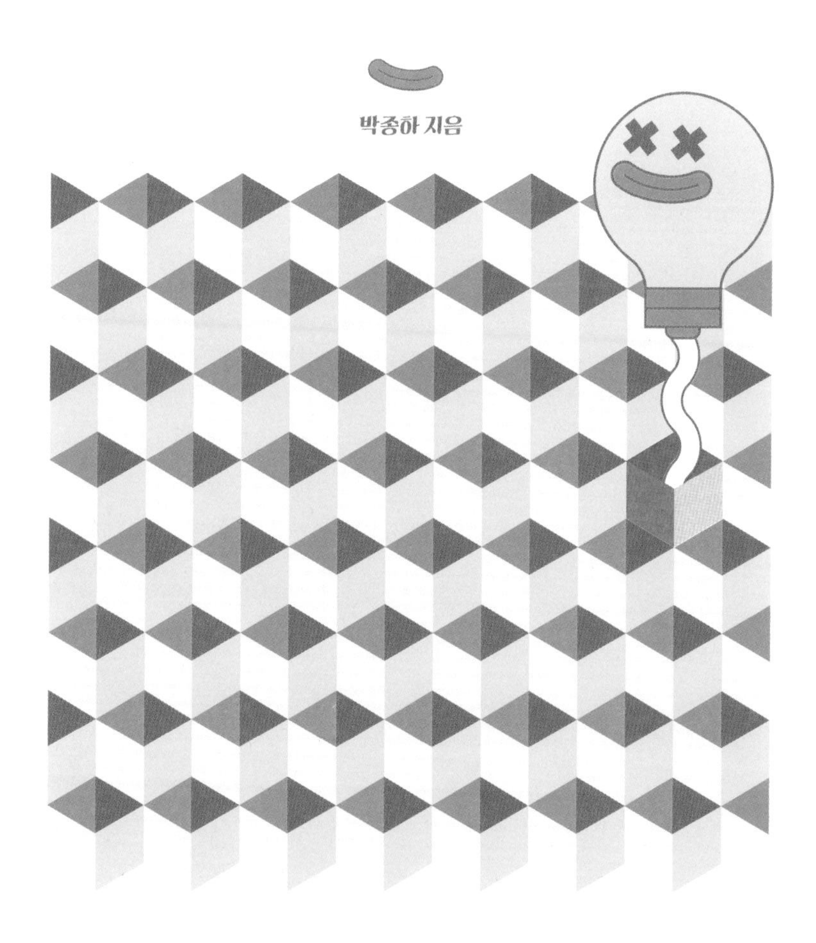

세개의소원

수학이 주는 새로운 즐거움

시작은 '재미'였습니다.

수학에는 재미있고 신기한 것들이 많거든요. 가령, 소수인 73을 거꾸로 하면 37이고, 37 역시 소수입니다. 하나 더 재미있는 사실은 73은 21번째 소수이고, 37은 12번째 소수라는 겁니다.

73	↔	37
21번째 소수		12번째 소수

이런 재미있는 수의 관계는 심심찮게 나타납니다. $12^2=144$인데, 144를 뒤집은 441은 12를 뒤집은 21의 제곱이 됩니다. 또 $13^2=169$인데, 169를 뒤집은 961은 13을 뒤집은 31의 제곱입니다.

$$144 = 12^2 \leftrightarrow 21^2 = 441$$

$$169 = 13^2 \leftrightarrow 31^2 = 961$$

옛날부터 사람들은 원주율 π의 값을 계산하는 것에 관심이 많았습니다. 여러 방법이 있지만 $\sqrt{2}$와 $\sqrt{3}$을 더하는 것으로도 π의 근사값을 구할 수 있습니다. 안될 것 같은데 답이 만들어지는 이런 관계가 재미있죠.

$$\sqrt{2} = 1.41\cdots$$
$$\sqrt{3} = 1.73\cdots$$
$$\sqrt{2} + \sqrt{3} = 3.14\cdots$$
$$\sqrt{2} + \sqrt{3} \cong \pi$$

기원전 250년 경에 살았던 아르키메데스(Archimedes)는 원주율의 근사값을 계산한 것으로 유명합니다. 그는 π값을 3.14으로 사용하여 다양한 문제를 해결하는 등 실생활에 수학을 적용하여 많은 사람을 이롭게 했습니다. 그는 신라를 세운 박혁거세나 고구려를 세운 주몽보다 200년이나 먼저 살았던 사람입니다. 대단했던 그의 업적을 기리며 수학의 노벨상이라고 불리는 필즈상의 메달에는 그의 초상이 새겨져 있습니다.

수학에는 수의 계산만 있는 것이 아닙니다. 숨겨진 재미있는 관계, 그리고 과거부터 현재까지 연결되어 있는 신기한 이야기들이 많습니다. 찾아가는 즐거움이 있지요. 이 책에는 그런 신기하고 재미있는 수학의 이야기들을 모았습니다.

우리가 말하는 '재미'의 의미는 정서적 재미와 인지적 재미로 나누어 생각할 수 있습니다.

개그맨들이 예능 프로그램에서 즐겁게 노는 것을 보면 웃음이 납니다. 또 드라마나 영화를 보며 감동하는 등 좋은 감정을 느끼는 것도 재미입니다. 이런 것들을 정서적 재미라고 합니다.

한편 아이디어가 번뜩이는 이야기를 들었을 때나 작은 해결의 실마리도 없어 답답하던 문제를 기발한 방법으로 풀어내는 순간을 만나면 우리는 "아하!" 하며 짜릿한 즐거움을 느낍니다. 생각의 자극으로 느껴지는, 바로 인지적 재미입니다. 이 책에서는 수학이라는 소재를 바탕으로 인지적 재미를 전달합니다.

인지적 재미가 주는 효과는 크게 두 가지입니다.

첫 번째는 학습과 연구 등의 탐구 활동에 강한 동기를 부여합니다. 지적 호기심을 동력으로 연구에 몰두하는 사람은 연구 과정 그 자체에서 인지적 재미를 느낍니다. 수학을 좋아하는 학생은 수학 문제를 풀 때의 인지적 재미를 즐기는 것이죠. 재미가 있으니 자연히 수학 공부도 열심히 하게 되지요. 무슨 일이든 동기가 중요합니다. 인지적 재미는 학문과 연구로 뛰어드는 가장 큰 동기가 됩니다.

두 번째 효과는 뇌를 쓰는 경험의 축적입니다. 일상에서는 사용하지 않던 방향으로 뇌를 사용하면서 생각 근육을 키우고, 그 결과 다양한 방향으로 머리를 잘 쓰게 되는 거죠. 무슨 일이든 자주 하고 많이 하면 잘하게 됩니다. 생각하는 것도 마찬가지입니다. 생각의 경험이 다양해지면 생각 근육이 커지고 생각하는 힘이 생깁니다.

수학은 많이 외우고, 지식을 쌓는다고 성적이 높아지는 과목이 아닙니다. 고등학교 3학년 학생도 풀지 못하는 문제를, 초등학교 5학년 학생이 풀기도 합니다. 고등학생이 초등학생보다 수학 지식은 더 많겠지만 단순히 지식만 쌓아서는 문제를 풀지는 못합니다. 스스로 뇌를 사용하는 인지적 경험이 많은 사람만이 잘 푸는 법이죠. 인지적 재미를 많이 경험하고 다양한 생각을 하는 것이 바로 생각 근육을 키우는 방법입니다.

어린 시절을 생각해보면 저는 공부를 잘하지는 못했지만, 수학을 참 좋아했습니다. 정확히 말하면 수학 교과서와 문제집이 아니라 수학 퍼즐과 같은 재미있는 문제와 이야기를 좋아했습니다. 그때의 저는 수학을 통해 인지적 재미를 느꼈던 것 같습니다. 짜릿한 즐거움을 주는 게임이나 퀴즈, 이야기를 접하면서 수학에 흥미를 갖게 된 것이죠. 재미있으니까 자꾸 하게 되고, 많이 하니까 잘하게 되었습니다. 그렇게 지금까지도 수학과 함께 살아가고 있습니다.

그런데 이런 과정은 저만의 특별한 경험이 아니었습니다. 함께 수학을 전공했던 친구들도 비슷한 경험이 많았습니다. 세계적인 수학자들의 인터뷰에서도 종종 학교 교육보다 의외의 경험을 통해 수학에 큰 흥미를 갖게 되었다는 내용을 보곤 합니다.

가까운 미래에 우리는 인공지능이 대부분의 산업을 지배하는 4차 산업 혁명 시대를 살게 될 것입니다. 그때의 인류에게는 논리적이고 합리적인 수학적 사고가 필수라고 합니다. 하지만 수학적 능력이 필수라고 해도. 잘해야 한다는 의무감으로 열심히 하는 것은 자연스럽지 못합니다. 의무적으로 해야하는 공부라면 당연히 즐거움이 사라지겠지요. 하다 보니 재미가 있고, 자꾸 하니까 잘하게 되는 것이 자연스러운 과정입니다.

저에게 커다란 인지적 재미를 주었던 수수께끼와 문제, 수학 이야기들을 모아 독자 여러분께 소개합니다. 찬찬히 읽으면서 수학이 주는, 전에는 몰랐던 색다른 재미를 즐겨보세요. '수학'이라는 친구가 가진 의외의 얼굴에 흥미를 가지게 될 겁니다.

박종하

차례

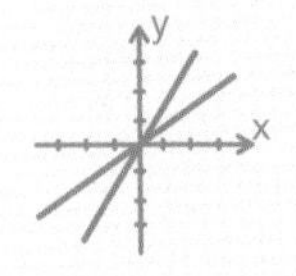

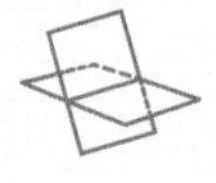

가장 아름다운 수학 공식

01

가장 아름다운 수학 공식

세상에서 가장 아름다운 수학 공식을 아시나요? 수학이 아름답다는 말도 잘 이해되지 않지만, 가장 아름다운 수학 공식이 있다는 표현도 아주 낯설게 느껴집니다. 하지만 정말로 많은 사람이 '세상에서 가장 아름다운 수학 공식'으로 추앙하는 식이 있습니다. 바로 '오일러의 공식(Euler's formula)'입니다.

$$e^{i\pi}+1=0$$

수학자와 과학자에게 "당신이 생각하는 가장 아름다운 수학 공식은 무엇인가요?"라고 질문했을 때 가장 많은 표를 받은 것이 바로 오일러의 공식입니다. 물리학자 리처드 파인먼(Richard Feynman)은 이 식을 "수학에서 가장 놀라운(remakable) 공식"이라고 극찬했습니다.

오일러 공식에 관한 재미있는 실험 결과도 있습니다. 수학자와 과학자에게 몇 개의 수학 공식을 보여주고 그들의 뇌파를 지켜보았더니, 오일러의 공식을 볼 때 가장 평온하고 기분 좋은 상태를 유지했다고 합니다.

이런 식의 몇 가지 근거가 더해지면서 오일러의 공식은 세상에서 가장 아름다운 수학 공식이 되었습니다.

오일러의 공식이 더욱 특별한 이유는 이 식에 곱셈의 항등원 1, 덧셈의 항등원 0, 원주율 π와 허수 i 그리고 오일러 상수 e가 모두 등장하기 때문입니다. 수학에서 중요하게 다루는 수 모두가 동시에 들어있는 셈이죠.

$$1, 0, \pi, i, e$$

그렇다면 수학에서 아름답다고 하는 것은 어떤 의미일까요? 수학에서는 간결하고 단순한 표현, 그리고 독창적인 핵심을 담고 있는 식이나 계산을 볼 때 '아름답다'고 합니다. 중요한 의미를 담고 있어도 그 표현이 복잡하고 한눈에 들어오지 않는다면 아름다운 것이 아닙니다.

예를 들어 아무도 풀지 못하던 수학 문제가 100년 만에 풀렸다면 그 문제의 증명은 아무리 못해도 크고 두꺼운 책 두 권 분량이 될 겁니다. 그렇게 방대했던 증명은 시간이 흐르면서 새로운 개념이 만들어지고 때로는 기술적으로 쉽게 정리되면서 교과서 한두 페이지 정도로 줄어듭니다. 간결하고 단순하게, 중요한 핵심만 드러나는 과정입니다. 처음에는 못생긴 상태로 태어난 수학의 증명이 시간이 지나면서 아름다워지는 것이죠.

오일러의 공식은 다음과 같은 오일러의 방정식에 $\theta=\pi$를 대입한 것입니다. 수학, 과학, 공학에서는 오일러의 방정식을 매우 폭넓게 사용합니다. 간결하고 단순한 형태뿐만 아니라 실질적인 활용 면에서도 오일러의 방정식은 매우 중요합니다.

$$e^{i\theta}=\cos\theta+i\sin\theta$$

아름다움의 의미

사람들은 어떤 대상을 보면 아름답다고 할까요? 예쁘다고 하는 것도 사람마다 다르고 미인의 기준도 지역이나 문화에 따라 다릅니다. 아름다움을 뜻하는 한자 미(美)를 들여다 보면 큰 양을 의미하는 모양입니다.

美 = 羊 + 大

커다란 양이 아름답다? 한자의 어원을 찾아보면 처음에는 아름다움을 표현하는 의미로 만든 말이 아니었습니다. 어떤 학자들은 '양고기는 맛이 있다' '맛있는 양고기를 많이 먹으면 좋다'는 의미가 '아름답다'는 말의 어원이라고 설명하기도 합니다. 지금 우리의 시각으로는 이해하기 어렵지만, 먹는 것이 가장 중요했던 농경 사회의 프레임으로 생각하면 그 의미를 어느 정도 이해할 수 있습니다.

여러분은 어떤 대상을 보았을 때, 혹은 어떤 경험을 했을 때 '아름답다'고 표현하고 싶은가요? 저는 뭔가 독창적이고 특이한 느낌을 받을 때, 아름다움을 느낍니다. 어느 정도 보편적 아름다움의 바탕 위에 약간의 독특함이 더해졌을 때 더욱 매력적으로 느껴지지요. 수학을 공부하면서 그런 독창적 매력을 느낀 대상은 바로 '피타고라스의 정리(Pythagorean theorem)'였습니다. 피타고라스의 정리는 직각삼각형의 세 변 사이의 관계를 정의한 것으로 아주 유명하죠. 많은 수학 이론을 전개할 때 가장 기본적으로 활용하는 공식이기도 합니다.

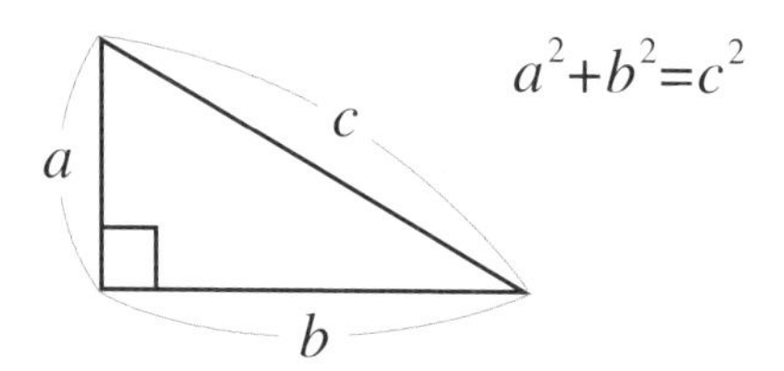

제가 피타고라스의 정리를 좋아하는 이유는 그것이 기하학의 핵심이기 때문입니다. 학교에서 접하는 기하학 문제는 대부분 피타고라스의 정리가 만능열쇠입니다. 어떻게 문제를 풀어야 할지 감조차 오지 않을 때 '피타고라스의 정리를 어디에 적용할 수 없을까?'부터 생각하면 어떻게든 해결에 접근할 수 있습니다. 피타고라스의 정리를 sin과 cos으로 표현하면 다음과 같습니다. 아주 간결하지요.

$$\sin^2\theta+\cos^2\theta=1$$

피타고라스의 정리가 매력적인 또 하나의 이유는 도형과 수식의 관계를 연결하는 고리가 된다는 점입니다. 도형은 형태이고 수식은 수와 기호로 이뤄진 개념으로, 아주 다른 모습이지만 '이 둘은 이런 사이야' 하며 이해하기 쉽고 친절하게 이들의 관계를 설명합니다. 아주 쉬운 방식으로 중요한 역할을 하는 아름다운 공식입니다.

아름다움의 과정과 결과

제가 20대를 보낸 1990년대에 가장 인기 있던 스포츠는 농구였습니다. 당시 미국 NBA에서는 슈퍼스타 마이클 조던이 시카고 불스라는 팀을 이끌며 우승을 독차지했죠. 전 세계의 젊은이들이 그의 움직임에 열광했습니다. 또 만화 〈슬램덩크〉가 최고의 인기를 누렸습니다. 우리나라에서도 〈슬램덩크〉의 인기는 폭발적이어서 한 달에 한 번 나오는 만화책을 손꼽아 기다리며 봤던 기억이 있습니다.

당시 농구를 보던 젊은이들 사이에 유행했던 말이 있습니다.

"강한 것이 아름답다."

정말 놀라운 실력을 발휘한 마이클 조던은 매번 상대를 압도하며 경기를 지배했는데, 그의 플레이를 보면서 다들 "강한 것이 아름답다"고 말하곤 했습니다. 그때까지만 해도 아름답다는 표현은 여성의 전유물이었는데, 여성을 향한 "아름답다"는 말과는 다른 뉘앙스에 모두가 공감했습니다.

NBA의 슈퍼스타 마이클 조던(왼쪽), 농구 만화 〈슬램덩크〉(오른쪽)

〈슬램덩크〉는 농구를 한 번도 해본 적이 없는 주인공 강백호가 고등학교 농구부에 들어가면서 시작됩니다. 강백호는 농구를 처음 시작했으니 할 줄 아는 것이 하나도 없습니다. 기본기도 안 되어 있었죠. 그런 강백호가 점점 존재감을 드러내고, 이기기 위해 최선을 다하는 모습이 그려집니다. 강백호는 진짜 열심히 노력합니다. 최선을 다하는 강백호와 친구들의 노력, 그리고 열정을 보며 사람들은 "아름답다"고 이야기했습니다.

잘하는 것과 최고 성과를 내는 것도 아름답다 하고, 열심히 하는 모습과 열정을 쏟아 붓는 모습도 아름답다고 합니다. 열정을 쏟으며 최선을 다하다 보면 결국 최고의 성과를 올리게 된다는 점에서 '강한 것' '열정' 그리고 '노력'은 아름다움과 연결됩니다. 지금 여러분은 어디에서 아름다움을 느끼나요?

아름다운 사람 오일러

세상에서 가장 아름다운 수학 공식, 오일러의 공식을 다시 한번 보겠습니다.

$$e^{i\pi}+1=0$$

오일러의 공식이 세상에서 가장 아름다운 공식이 된 데에는, 이 공식을 만든 수학자 오일러의 이미지도 큰 역할을 했습니다. 좋아하는 사람이 하는 일은 웬만하면 좋고, 싫어하는 사람은 뭘 해도 싫은 법이죠. 수학자 오일러는 인간적으로도 많은 이에게 사랑을 받았습니다.

그의 삶은 아름다움 자체였습니다.

오일러는 천재 수학자이자, 최고의 문제 해결사였습니다. 아무리 어려운 문제라도 오일러에게 물으면 며칠 안으로 답을 주었다고 합니다. 가장 유명한 에피소드는 '쾨니히스베르크(Königsberg)의 다리' 입니다. 독일의 쾨니히스베르크에는 다음과 같은 모양의 다리가 있었는데요, 문제는 이랬습니다.

"7개의 다리를 한 번씩만 지나면서 A, B, C, D 네 구역을 모두 다녀올 수 있을까요?"

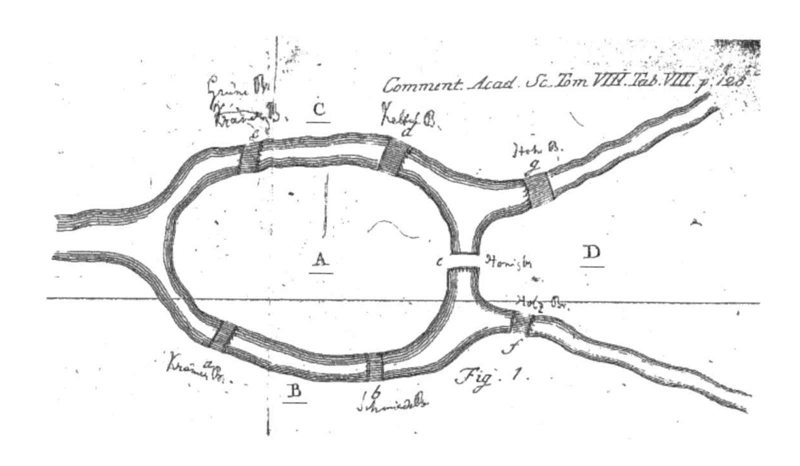

이 간단한 질문에 정확한 답을 내놓는 사람이 없었습니다. 경우의 수를 따져보자니 생각보다 많고 복잡해서 가능한지, 불가능한지 대답할 수가 없었죠. 이 문제를 해결한 사람이 바로 오일러였습니다. 그는 문제를 단순화했습니다.

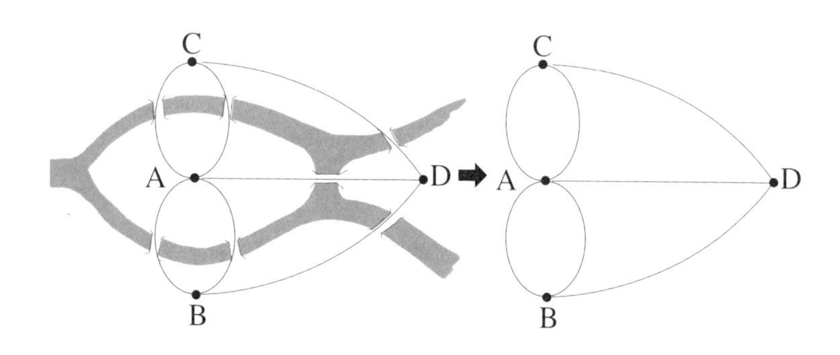

그리고 문제를 이렇게 바꾸었습니다.

"이 그림에서, 종이에서 연필을 떼지 않고 한 점에서 출발해 선은 한 번씩만 지나면서 모든 점을 도는 것이 가능할까요? 가능하다면 어떻게 해야 될까요?"

오랫동안 사람들을 괴롭혔던 다리 문제가 한붓그리기 문제로 바뀌어 버린 겁니다. 한붓그리기 문제의 해결을 위해 오일러는 먼저 점에 연결된 선이 홀수인 점과 짝수인 점, 이렇게 모든 점을 두 종류로 나눴습니다.

점에 연결된 선이 짝수라면 그 점으로 들어왔던 선이 다른 선으로 나갈 수 있습니다. 하지만 점에 연결된 선이 홀수라면 들어온 후에 나가지 못하는 선이 꼭 하나 생기게 됩니다. 따라서 모든 점에 연결된 선이 짝수라면 한붓그리기가 가능합니다. 그리고 연결된 선이 홀수인 점이 정확히 두 개 있다면 출발점과 도착점을 다르게 해서 한붓그리기가 가능합니다.

쾨니히스베르크의 다리 문제는 모든 점에 연결된 선이 홀수이므로 한붓그리기가 불가능합니다. 한붓그리기 문제는 그래프 이론, 위상 수학 등 수학의 새로운 분야를 열었습니다. 오일러는 이렇게 새로운 수학 이론을 만들어내며 사람들이 오랫동안 풀지 못하던 문제의 답을 찾았습니다. 천재적인 문제 해결사였죠. 그의 능력도

위대한 수학자 오일러의 초상화

대단했지만 많은 사람이 그를 사랑한 이유는 따로 있었습니다. 그것은 무섭도록 수학에 몰입한 그의 열정, 죽는 순간까지도 계속된 수학을 향한 사랑이었습니다. 오일러의 초상화를 보면 눈이 조금 어색해 보입니다. 젊은 나이부터 쉬지 않고 열정적으로 연구에 몰입하다 서른 살 즈음 한쪽 눈을 실명했기 때문입니다.

옛날에는 "천재는 일찍 죽는다"는 말이 있었습니다. 그도 그럴것이 자신의 일에 너무 열정적으로 몰입하다 보니 건강이 나빠지고, 나빠진 건강을 회복하지 못하고 일찍 죽는 경우가 많았던 것입니다. 오일러도 비슷한 상황이었던 것으로 보입니다.

한쪽 눈을 실명하고도 열정적인 연구의 끈을 놓지 않은 오일러는 60세 즈음, 나머지 한쪽 눈마저 시력을 잃었습니다. 앞을 보지 못하는 상황이 된 거죠. 시력을 잃은 그는 아들과 비서에게 자신의 생각을 불러주고 받아 적게 하는 방법으로 연구를 계속했습니다. 인생에 찾아온 시련과 절망이 있었지만, 그는 좌절하지 않고 이후로도 17년 동안 많은 논문을 써냈습니다. 수학 역사에서 가장 많은 연구를 남긴 사람인 오일러는 오히려 시력을 잃은 상태에서 남긴 연구가 더 많았습니다. 그는 평생에 걸쳐 약 92권의 책과 866편의 논문을 남겼습니다. 덕분에 지금까지도 그의 논문은 연구자에게 영감과 도움을 주고 있습니다. 베토벤이 청력을 잃고 많은 작곡을 남긴 것에 비유해 사람들은 오일러를 '수학계의 베토벤'이라고도 합니다. 수학을 공부하는 사람으로서 저는 베토벤을 '음악계의 오일러'라고 부르고 싶습니다.

삶에 동기를 주는 계산

우리는 열정적인 삶을 사는 누군가를 아름다운 사람이라고 칭찬합니다. 오일러의 공식이 세상에서 가장 아름다운 수학 공식이 된 이유이기도 하지요. 그런 의미에서 또 하나의 아름다운 계산을 소개합니다.

$$1.01^{365} = 37.8$$
$$0.99^{365} = 0.03$$

0.01은 1%입니다. 이 계산은 하루에 1%씩 달라지려 노력한다면 1년 후에는 엄청나게 큰 격차가 생긴다는 것을 보여줍니다. 하루에 1%씩 성장하면 1년 후에는 지금보다 37배 이상 성장하고, 반대로 하루에 1%씩 후퇴한다면 1년 후에는 지금 가진 것의 0.03만큼, 즉 3%만 남게 된다는 것이죠.

중요한 것은 1년간 꾸준하게 지속하는 작은 노력입니다. 하루 1%씩 일주일간 노력하면 $1.01^7=1.07$, 한 달간 노력하면 $1.01^{30}=1.30$입니다. 여기까지는 변화의 폭이 크게 느껴지지 않습니다. 하지만 아무리 작은 변화라도 365일 지속하다 보면 어느 순간 폭발적으로 성장하는 자신을 발견하게 됩니다. 이것은 반대 상황에서도 그대로 적용됩니다. 1%씩 나빠지고 있는 것을 방치하면 처음에는 별 차이 없어 보이지만, 1년 후에는 3%만 남게 됩니다. 이렇게 작은 차이가 큰 결과를 만들어냅니다.

사람들은 이것을 '삶에 동기를 주는 계산'이라고 부릅니다. 노력도 재능이라는 말처럼 꾸준함이 우리 삶을 바꿀 수 있습니다.

나답게 사는 것

'아름답다'의 의미를 국어사전에서 찾아보면 외면의 아름다움과 내면의 아름다움을 구별해 설명합니다.

> 아름답다:
>
> ① 보이는 대상이나 음향, 목소리 등이 균형과 조화를 이루어 눈과 귀에 즐거움과 만족을 줄 만하다.
>
> ② 하는 일이나 마음씨가 훌륭하고 갸륵한 데가 있다.

'아름답다'의 어원을 분석하면 '아름+답다'와 같이 나누어 생각할 수 있는데, '답다'는 "학생답다" "청년답다" 식으로 쓰는 말이죠. 그리고 '아름'은 15세기 이전까지 '나'를 의미하는 말이었다는 해석이 있습니다. 그 해석에 따르면 아름답다는 말은 결국 '나답다'는 의미입니다. 자기 자신의 모습을 찾고, 있는 그대로 드러낼 때 아름답다는 표현이 어울리는 것이죠. 아주 인상적인 해석입니다.

'나다운 삶을 사는 것이 아름답다'는 것을 몸소 보여준 수학자가 있습니다. 러시아의 수학자 그리고리 페렐만(Grigori Perelman)입니다.

페렐만은 1966년, 러시아의 레닌그라드에서 태어났습니다. 그는 고등학교 때 국제 수학 올림피아드에서 만점을 받으며 금메달을 수상했고, 1990년대 초반에 수학계에서 오랫동안 풀지 못하던 여러 문제를 해결하며 주목받았습니다. 페렐만을 가장 유명하게 만든 연구는 '푸앵카레 추측(Poincaré conjecture)'입니다.

2000년, 미국의 클레이 수학연구소는 7개의 밀레니엄 문제를 선정하고 100만 달러의 상금을 걸었습니다. 그중 하나였던 푸앵카레 추측은 100년 동안 아무도 풀지 못한 오래된 문제였습니다. 그 문제를 페렐만이 2002년에 풀어냈고, 이후 몇 년 동안 사람들의 검증을 거치면서 페렐만의 풀이는 최종적으로 공식 인정을 받았습니다. 그리고 많은 사람이 더욱 그를 주목했습니다.

2006년, 수학의 노벨상이라고 부르는 필즈상(Fields prize, 세계수학자대회에서 4년마다 수여하는 수학계의 가장 권위 있는 상. 2022년 한국인으로서는 처음으로 허준이 프린스턴대학 교수가 이 상을 수상했다.)은 그해의 수상자로 페렐만을 선정했고, 2010년에는 클레이 수학연구소에서도 페렐만에게 푸앵카레 추측을 증명한 공로로 100만 달러를 수여하겠다고 발표했습니다. 그런데 뜻밖에도 페렐만은 모든 상과 상금을 거부했습니다. 스탠퍼드 대학교와 프린스턴 대학교 등 세계 최고의 대학에서 앞다투어 그에게 교수 자리를 제안했지만, 그는 역시 모두 거절했습니다.

그리고 그는 모습을 드러내지 않고 은둔하며 오직 수학만 연구하겠다고 했습니다. 오로지 자신이 알고 싶은 수학을 연구하는 것이 페렐만이 원하는 삶이었습니다.

그는 여전히 철저하게 자신이 원하는 삶을 살고 있습니다. 그의 말대로 "우주의 신비를 풀어가는" 사람으로 말입니다. 다른 사람이 주는 상이나 세상의 평판에 얽매이지 않고 자신에게 의미 있는 학문만을 추구하며 삶을 살아갑니다. 나다운 삶이 아름다운 삶이라면 수학자 페렐만은 진정으로 아름다운 삶을 살고 있습니다. 우리 시대의 평가로 보면 페렐만은 신기하고 이상한 사람일지 모릅니다. 하지만 진짜 '아름다움'의 의미, 그리고 나에게 아름다운 삶은 어떤 것인지 진지하게 생각하게 합니다.

특별한 짝꿍 73과 37

02

수로 완성한 데칼코마니

어느 날, 함께 공부하던 친구가 가장 멋진 수를 소개한다며 73에 대한 예찬론을 펼쳤습니다. 예찬론의 핵심은 '73은 21번째 소수인데, 73을 뒤집은 37은 12번째 소수라는 것, 즉 서로 대칭을 이루는 지점이 많다는 것'이었습니다. 12는 21을 뒤집은 수이기도 하죠.

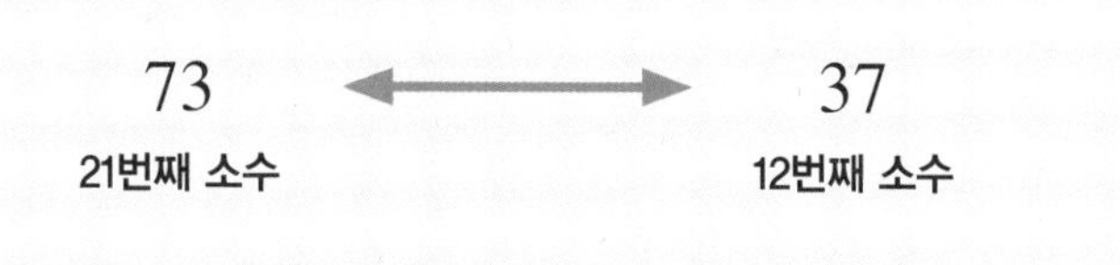

서로 바뀌거나 뒤집혀도 똑같은 값이 나오거나 대칭을 이루는 관계는 특별하게 느껴집니다. 특별하다는 것은 희소하다는 의미이기도 하죠. 일어나기 힘든 일이니까요. 실제로 73과 37처럼 대칭을 이루는 수가 둘 다 소수인 것을 찾아보면 두 자릿수로는 13과 31, 17과 71, 37과 73 그리고 79와 97 이렇게 4개의 짝이 있습니다. 이처럼 서로 짝이 되는 소수를 '거울 소수'라고 합니다.

2,200년 전에 고대 그리스 수학자 에라토스테네스(Eratosthenes)가 1에서 100까지의 수 중에 소수를 찾기 위해 만든 표가 있습니다. 이 표를 보면 거울 소수를 쉽게 확인할 수 있습니다.

거울 소수

13 - 31

17 - 71

37 - 73

79 - 97

1	2	3	4	5	6	7	8	9	10
11	12	13	14	15	16	17	18	19	20
21	22	23	24	25	26	27	28	29	30
31	32	33	34	35	36	37	38	39	40
41	42	43	44	45	46	47	48	49	50
51	52	53	54	55	56	57	58	59	60
61	62	63	64	65	66	67	68	69	70
71	72	73	74	75	76	77	78	79	80
81	82	83	84	85	86	87	88	89	90
91	92	93	94	95	96	97	98	99	100

소수(prime number)는 1과 자기 자신 이외의 수로는 나눠 떨어지

지 않는 수를 말합니다. 소수는 이미 다른 수에는 없는 조건을 가진 특별한 수인데, 그중에서도 73과 37은 또 다른 특별한 관계성을 더했으니 희소성×희소성을 가진 셈이죠.

"73이 특별하면 그 짝꿍인 37도 마찬가지로 특별한 수 아니야?"

73이 가장 멋진 수라는 친구에게 물었더니 고개를 절레절레 흔들었습니다. 73은 37보다 훨씬 더 특별하다는 겁니다.

73을 7과 3으로 떨어뜨려 서로 곱하면 7×3=21인데, 73은 바로 21번째 소수라는 것이지요.

"73을 이진법으로 나타내면 1,001,001이야. 1,001,001은 앞과 뒤가 대칭되는 특별한 수라고. 기하학적으로 대칭을 이룬다는 게 얼마나 아름다운지 알지? 73은 도형이 아니고 수인데도 이진법으로 이렇게 대칭을 이루고 있다는 거야. 진짜 멋지지 않아?"

73 → 7×3=21

21번째 소수

$$73 = 1{,}001{,}001_{(2)}$$

이렇게 수들이 특정한 관계를 가지면서 대칭을 이루는 경우가 있습니다. 그러면 정말 특별하게 보입니다. 가령 12^2=144인데, 144

을 뒤집은 441은 12을 뒤집은 21의 제곱이 됩니다.

$$144 = 12^2 \leftrightarrow 21^2 = 441$$

13^2=169인데, 169를 뒤집은 961은 13을 뒤집은 31의 제곱이죠.

$$169 = 13^2 \leftrightarrow 31^2 = 961$$

서로 재미있는 관계를 가진 수의 짝꿍입니다. 이렇게 재미있는 관계를 가진 수의 짝꿍은 생각보다 많습니다. 몇 개를 더 살펴보면 다음과 같습니다.

$$10^2 = 100 \leftrightarrow 001 = 01^2$$
$$11^2 = 121 \leftrightarrow 121 = 11^2$$
$$12^2 = 144 \leftrightarrow 441 = 21^2$$
$$13^2 = 169 \leftrightarrow 961 = 31^2$$
$$102^2 = 10{,}404 \leftrightarrow 40{,}401 = 201^2$$
$$103^2 = 10{,}609 \leftrightarrow 90{,}601 = 301^2$$
$$112^2 = 12{,}544 \leftrightarrow 44{,}521 = 211^2$$
$$113^2 = 12{,}769 \leftrightarrow 96{,}721 = 311^2$$
$$122^2 = 14{,}884 \leftrightarrow 48{,}841 = 221^2$$

마치 그림을 그린 것처럼 수를 이용해 완벽한 대칭을 만들어냅니다.

곱셈을 통해 대칭을 만드는 경우도 있습니다.

21,978×4=87,912입니다. 4라는 수를 곱하는 것으로 수전체가 완벽하게 거꾸로 뒤집혀 대칭이 됩니다.

$$21{,}978 \xleftrightarrow{\times 4} 87{,}912$$

특별함이라는 매력

수든 그림이든 사람이 매력을 느끼는 부분은 이런 희소함, 다른 것에는 없는 특별함입니다. 가격표를 붙인다면 아주 비싼 가격이 붙는 거죠. 예술의 세계에서는 이렇게 특별한 스토리텔링으로 비싼 가격에 거래되는 작품이 많습니다.

여러분은 뱅크시(Banksy)라는 화가를 아시나요? 그는 자신의 얼굴을 세상에 드러내지 않고, 숨어서 활동하는 거리 예술가입니다. 그는 비싼 돈을 주고 그림을 거래하는 미술 시장의 방식을 비웃듯 밤에 몰래 나타나 남의 집 벽에 낙서처럼 예술 작품을 만듭니다. 그의 유명한 그림 중에는 비싼 돈을 주고 그림을 사고 파는 행태를 비꼬는 작품도 있습니다. 물론 뱅크시가 그린 그림이지요.

뱅크시, 〈바보들〉, 2006

그림 속을 자세히 들여다 보면 다음과 같이 적혀 있습니다.

"난 정말 당신 같은 멍청이가 이런 쓰레기를 살 줄 몰랐어."

2018년에는 뱅크시의 작품 〈풍선과 소녀〉가 경매 시장에 나왔습니다. 그의 독특하고 남다른 행보 덕분에 예상대로 그림에는 매우 높은 가격이 매겨졌습니다. 사려는 사람이 많아지면서 가격은 점점 높아져 당시 16억 원이라는 고가에 낙찰이 이루어졌습니다. 그런데 낙찰 순간 뜻밖의 사건이 발생했습니다. 낙찰이 결정되자 액자에 붙은 기계장치가 작동하면서 갑자기 그림이 분쇄되기 시작한 것이죠. 그림을 비싼 돈에 거래하는 사람들을 조롱한 뱅크시가 자신의 작품을 담은 액자에 기계장치를 붙여 경매 낙찰이 이루어지자마자 그림을 분쇄해버린 것입니다. 사람들은 깜짝 놀랐고 그림의 많은 부분이 찢겨졌습니다.

그리고 3년 후, 또 하나의 반전이 일어납니다. 2021년 10월 절반이 분쇄되어버린 작품 〈풍선과 소녀〉가 다시 경매에 등장한 것입니다. 이번에는 얼마에 거래되었을까요? 그림 상태로만 보면 절반이 잘린 불량품 중 불량품이죠. 하지만 이 그림은 전 세계가 주목한 스토리를 가진 아주 특별한 작품이었습니다. 화제성으로는 단

뱅크시, 〈풍선과 소녀〉, 2018

연 으뜸이었죠. 작품은 3년 만에 20배가 오른 300억 원으로 거래되었습니다. 특별한 것, 이거 아니면 안 되는 것, 희소하고 독특한 것, 이야기가 있는 것. 우리가 매력을 느끼고 더 많은 돈을 지불하는 가치입니다.

73과 37의 이야기

다시 73과 37의 이야기로 돌아가겠습니다. 73과 37의 특별한 관계는 계속 발견되었습니다. 1에서 73까지의 수를 모두 더하면 그 값은 73에 37을 곱한 값과 같고, 73은 이런 성질을 갖는 유일한 수라는 점입니다.

$$1 + 2 + 3 + \cdots + 73 = 73 \times 37$$

여기에 하나 더! 73과 37을 곱하면 2,701이 됩니다. 그리고 2,701을 거꾸로 뒤집으면 1,072이죠. 2,701과 1,072를 더하면 3,773이 되는데, 이것을 반으로 나누면 37과 73을 붙여놓은 모습입니다.

$$73 \times 37 = 2,701$$
$$2,701 \leftrightarrow 1,072$$
$$2,701 + 1,072 = 3,773$$

우리는 이렇게 특별한 이야기가 있는 대상에 매력을 느낍니다. 하지만 여러분은 지금 73과 37의 관계에 대한 이야기를 듣기 전에 73과 37이 특별하다고 생각한 적이 있었나요?

어쩌면 처음부터 특별한 것은 없을지도 모릅니다. 그저 어떤 계기, 어떤 사건으로 점점 특별해지는 것이지요. 뱅크시라는 작가가 특별한 이유는 타고난 천재 화가여서도, 그가 유명한 미술대학을 졸업해서도 아닙니다. 그는 스스로 이야기를 만들어내며 특별한 작가로 주목받고 있습니다.

많은 사람 중 한 명으로 살아가는 우리는 희소가치를 지닌 매력적인 사람이 되고 싶어 합니다. 그러기 위해서는 나만의 특별한 이야기를 만들어가야 합니다.

수학을 공부하는 사람들은 소수에 특별한 관심을 갖습니다. 소수는 1과 자신 외에는 약수를 갖지 않는다는 특징도 있지만, 남들이 풀지 못하는 암호를 만들기 좋다는 특징을 가지고 있기 때문입니다.

73과 37의 특별한 관계는 아직 끝나지 않았습니다. 앞서 73과 37은 둘 다 소수이면서 서로 대칭을 이루는 관계라고 했습니다. 그 사실을 기억하며 아래에 소개하는 수를 보실까요?

73,939,113이라는 수가 있습니다. 이 수는 자신이 소수이고 뒤에 붙은 수를 하나씩 떼어낸 수들도 모두 소수가 되는 가장 큰 수입니다.

73,939,133은 소수이다.

7,393,913은 소수이다.

739,391은 소수이다.

73,939은 소수이다.

7,393은 소수이다.

739은 소수이다.

73은 소수이다.

7은 소수이다.

37역시 비슷한 관계의 수가 있습니다. 357,686,312,646,216,567,629,137입니다. 이 수는 자신이 소수이고 앞에서부터 수를 하나씩 떼어낸 수들도 모두 소수가 되는 가장 큰 수입니다.

357,686,312,646,216,567,629,137은 소수이다.

57,686,312,646,216,567,629,137은 소수이다.
7,686,312,646,216,567,629,137은 소수이다.
686,312,646,216,567,629,137은 소수이다.
86,312,646,216,567,629,137은 소수이다.
6,312,646,216,567,629,137은 소수이다.
312,646,216,567,629,137은 소수이다.
12,646,216,567,629,137은 소수이다.
2,646,216,567,629,137은 소수이다.
646,216,567,629,137은 소수이다.
46,216,567,629,137은 소수이다.
6,216,567,629,137은 소수이다.
216,567,629,137은 소수이다.
16,567,629,137은 소수이다.
6,567,629,137은 소수이다.
567,629,137은 소수이다.
67,629,137은 소수이다.
7,629,137은 소수이다.
629,137은 소수이다.
29,137은 소수이다.
9,137은 소수이다.
137은 소수이다.

37은 소수이다.

7은 소수이다.

73에서 뒷자리 3을 떼어내고 37에서 앞자리 3을 떼어내면 결국 7이 되네요. 733도 재미있는 수입니다. 733은 소수이며 다음과 같은 관계를 갖습니다.

$$733 = 7 + 3! + 3!!$$

73과 37의 마술

재미있는 마술이 있습니다. 먼저 73과 137이라는 두 수를 기억하세요.

① 네 자릿수를 하나 고르세요. 가령 2,345라고 할까요?

② 이제 이 수를 두 번 연속으로 쓰세요. 23,452,345가 될 겁니다.

③ 이것을 73으로 나누세요. 23,452,345을 73으로 나누면 321,265입니다.

④ 이것을 다시 137로 나누세요. 321,265를 137로 나누면 2,345입니다. 이렇게 하면 처음 시작한 수 2,345로 되돌아옵니다.

네 자릿수 *ABCD*를 두 번 연속으로 써서 여덟 자릿수 *ABCD ABCD*를 만든 후, 이것을 73으로 나누고, 다시 137로 나누면 처음 네 자리 수로 되돌아옵니다.

$$ABCD \longrightarrow ABCDABCD$$
$$\div 73$$
$$\div 137$$
$$= ABCD$$

어떻게 이런 마술이 가능할까요? 이유는 간단합니다.
73×137=10,001이기 때문이죠. 계산기로 한번 확인해보세요.

$$73 \times 137 = 10{,}001$$

여기까지 설명했을 때 "아하! 그런 게 있었네!"라고 이해하는 사람도 있지만, 대부분은 "그런데? 뭐?"라고 어리둥절해합니다. 네 자리 수 *ABCD*를 연속으로 써서 *ABCDABCD*와 같이 여덟 자리 수를 만드는 것은 *ABCD*에 10,001을 곱한 것과 같습니다.

$$ABCD \times 10{,}001 = ABCDABCD$$

따라서 ABCD를 두 번 연속으로 쓰고 그것을 73과 137로 나누는 것은 10,001을 곱하고 10,001로 나누기를 한 것과 같습니다. 같은 수를 곱하고 나누면 당연히 처음 수에는 변화가 없죠.

73과 37, 이 두 수는 아름다운 대칭을 갖고 있을 뿐 아니라 정말 많은 이야깃거리를 지닌 흥미로운 짝꿍입니다. 앞으로도 어떤 특별하고 새로운 관계가 더 발견될 수도 있겠지요. 기대가 됩니다.

악마가 낸 수학 문제

03

마이크로소프트 입사 문제

몇 년 전 마이크로소프트사의 입사 면접에서 나온 질문이 화제가 된 적이 있습니다. 삼각형의 면적을 묻는 질문이었어요. 수학자가 등장하는 영화 〈이상한 나라의 수학자〉에도 이 문제가 나와 매우 흥미로웠습니다. 한번 보실까요.

"직각삼각형 ABC에서 빗변 $\overline{AC}$의 길이는 10이고, 직각인 꼭짓점 B에서 빗변 $\overline{AC}$로 수직이 되게 선을 그었을 때 삼각형 높이는 6입니다. 삼각형 ABC의 면적은 얼마일까요?"

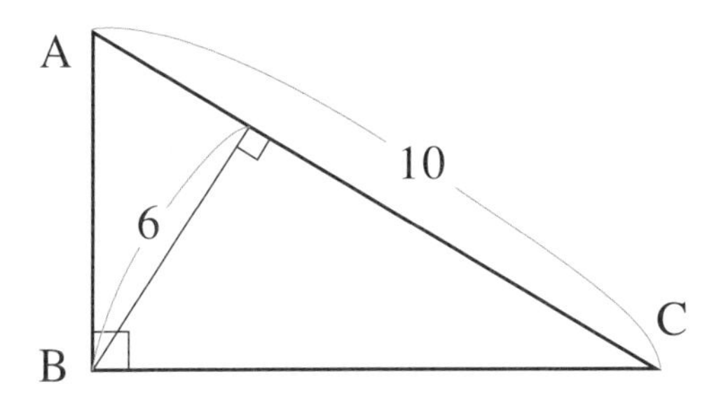

입사 면접에서 이 질문을 받은 사람은 곧장 "면적은 30"이라고 대답했습니다. 그러나 면접관은 다시 생각해보라고 했습니다. 다시 생각해본 지원자는 확실하다고 대답했고, 그는 탈락했습니다.

영화 〈이상한 나라의 수학자〉에서는 북한 최고의 수학자였지만 탈북해 경비원으로 일하는 주인공이 등장합니다. 그 역시, 삼각형의 면적이 30이라고 답한 고등학생에게 정답이 아니라고 말합니다.

삼각형의 면적은 밑변×높이×$\frac{1}{2}$ 입니다.

그림에 나온 정보를 이용해 공식대로 계산하면 답은 30이 맞는 것 같은데, 왜 정답이 아닐까요?

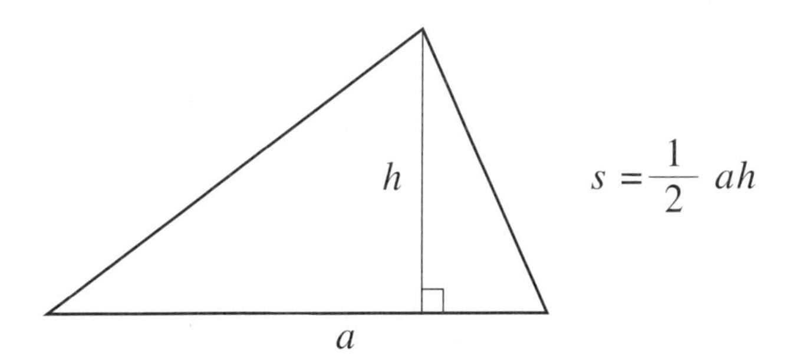

이 문제는 우리를 혼란에 빠뜨립니다. 초등학생도 할 수 있는 삼각형의 면적 구하기 공식대로 계산했는데도 오답이라니.

이 질문을 이해하기 위해서는 중학교 3학년 정도의 수학 지식이 필요합니다. 하지만 그에 앞서 질문의 의도를 파악하지 못한다면 누구라도 제대로 답을 구하기 어렵습니다. 그래서 이 문제에 '악마의 기하학 문제'라는 별칭이 붙었습니다.

과연 이 문제의 답은 무엇일까요? 결론부터 말하자면, "그런 삼각형은 존재할 수 없다"가 정답입니다. 문제에서 주어진 것과 같은 밑변과 높이를 갖는 직각삼각형은 존재할 수 없기 때문입니다.

원과 직각 삼각형

간단하게 설명하면 이렇습니다. 빗변이 $\overline{AC}$인 직각삼각형 ABC는 $\overline{AC}$를 지름으로 갖는 원에 내접합니다. 이것은 직각삼각형을 이루는 조건이죠. 반대로 다음 그림처럼 원의 지름을 한 변($\overline{AC}$)으로 하고 원 위의 한 점(B)을 잡아 연결해 만든 삼각형 ABC도 직각삼각형이 됩니다. 이것이 원과 직각삼각형이 갖는 관계의 핵심입니다.

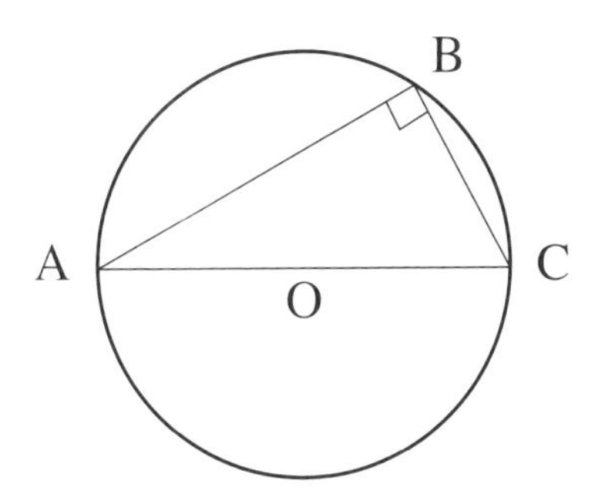

문제에서 주어진 직각삼각형 ABC는 아래의 왼쪽 그림처럼 원에 접하게 되는데, B에서 빗변 $\overline{AC}$까지의 거리가 최대가 되는 것은 아래 오른쪽 그림처럼 원의 반지름 5입니다. 따라서 점 B에서 $\overline{AC}$까지의 거리는 5를 넘지 않아야 합니다. 앞서 소개한 문제를 보면 B에서 $\overline{AC}$까지의 거리는 6이었습니다. 그러니 그런 삼각형은 존재하지 않는다는 것이 정답입니다.

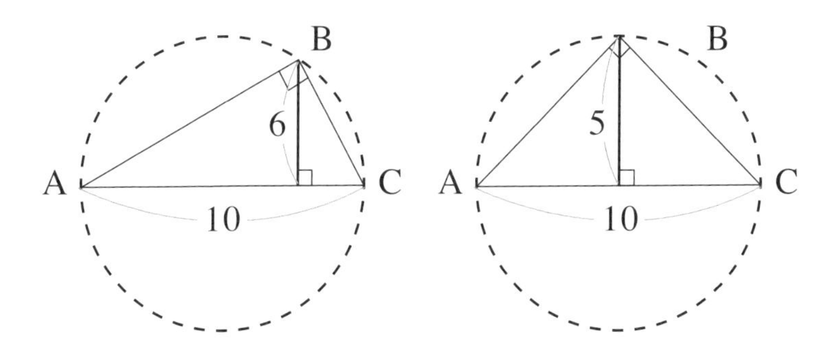

마이크로소프트사는 왜 면접에서 이 문제를 선택했을까요?

문제의 의미를 제대로 파악하는 것, 올바른 전제와 정의를 확인하는 것, 문제를 해결해야 하는 이유를 찾는 것 등 빠른 문제 해결보다 가정과 조건 등 문제를 둘러싼 전체 환경을 모두 볼 수 있는 직원을 뽑고 싶었던 것 같습니다. 주어진 일을 기계적으로 처리하는 사람이 아닌, 과제를 종합적으로 파악하고 주도적으로 이끌어 갈 사람을 찾으려는 것이죠.

우리는 질문과 답 중에서 질문이 더 중요하다는 사실을 잘 알고 있습니다. 하지만 보통 주어진 질문이 올바른지, 그 뒤에 숨은 다른 조건은 없는지 판단하기도 전에 빠르게 답만 찾으려고 합니다.

경영학자 피터 드러커(Peter Drucker)는 이렇게 말했습니다.

> "심각한 오류는 잘못된 답에서 나오는 것이 아니다. 정말 위험한 건 잘못된 질문에서 출발하는 것이다."

주어진 문제에 반사적으로 답을 찾기보다 먼저 문제를 평가하고, 좋은 문제를 찾는 과정이 반드시 필요합니다.

정답보다 중요한 과정

영화 〈이상한 나라의 수학자〉에서 주인공은 "정답보다 중요한 것은 답을 찾는 과정이다"라고 말합니다. 수학도, 인생도 기계적으로 찾아가는 정답보다 답을 찾아가는 과정이 중요합니다.

앞에서 소개한 직각삼각형과 원에 대한 이야기를 다시 살펴보겠습니다. 원의 지름을 밑변으로 하고, 원 위의 점 하나를 연결해 삼각형을 그리면 그 삼각형은 직각삼각형입니다. 이것은 다음과 같이 증명할 수 있습니다.

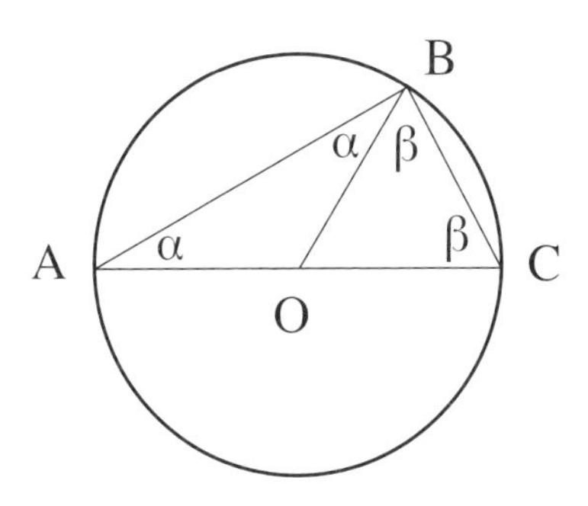

$\overline{OA}$와 $\overline{OB}$는 원의 반지름이므로 삼각형 OAB는 이등변삼각형입니다. 같은 각을 α로 써보겠습니다. 같은 이유로 삼각형 OBC도 이등변삼각형입니다. 이 삼각형의 각은 β로 써보겠습니다. 삼각형 ABC의 내각의 합이 180°이므로, $2\alpha+2\beta=180°$입니다.

따라서, $\alpha+\beta=90°$입니다.

즉, 삼각형 ABC는 직각삼각형입니다. 원 위의 어떤 점을 B로 잡아도 마찬가지입니다. 찬찬히 읽어보면 어려운 설명이 아니지만 결론이 급한 사람에게는 이 증명 과정이 즐겁지 않습니다.

복잡하고 바쁜 세상을 살아가는 우리는 필요한 핵심만 뽑아 활용하는 것을 미덕으로 여깁니다. 하지만 살다 보면 실상 그렇지 않을 때가 많지요. 고농축 영양제보다는 직접 땅에서 자란 재료로 만든 음식이 건강에 좋고, 공식만 외우고 결론만 기억해서는 시험공부가 되지 않습니다. 시험에 나오는 문제들은 대부분 증명 과정 속에서 사용한 아이디어를 활용해야 풀 수 있기 때문입니다. 그러니 과정을 건너뛰고 결론만 외운 학생은 많은 시간을 공부해도 좋은 성적을 받지 못합니다.

효율적으로 한 공부가 오히려 독이 되는 것이죠. 이는 인생을 살아가는 과정에도 똑같이 적용됩니다. 정답보다 중요한 것은 답을 찾는 과정입니다.

두 번째 악마의 문제

우리를 혼란에 빠뜨리는 또 하나의 문제를 소개합니다.

"다음과 같이 세 변의 길이가 7, 3 그리고 10으로 주어진 삼각형이 있습니다. 이 삼각형의 넓이는 얼마일까요?"

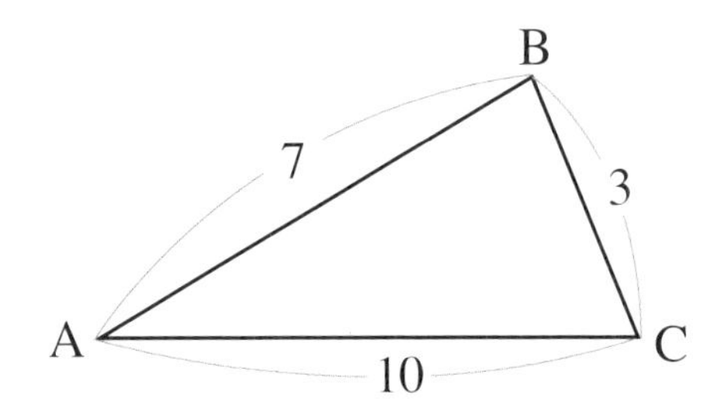

이 문제를 풀기 위해서는 '헤론의 공식(Heron's formula)'을 먼저 찾아보시길 권합니다. 삼각형의 세 변 길이가 주어졌을 때 넓이를 계산하는 방법이 정리되어 있습니다.

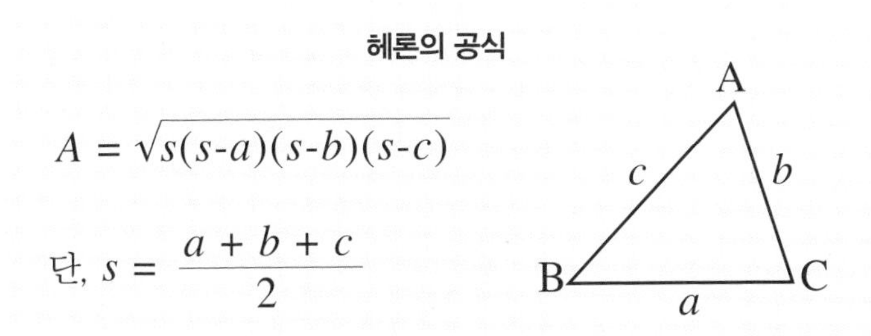

문제에 주어진 삼각형을 보면 세 변의 길이가 7, 3 그리고 10입니다. 여기에 이 문제를 '악마의 문제'라고 부르는 이유가 있습니다. 삼각형은 두 변 길이의 합이 한 변의 길이보다 길어야 성립되는 도형입니다. 그렇지 않으면 삼각형이 만들어지지 않지요. 그러니 이번 문제 역시 "그런 길이의 삼각형은 존재할 수 없다"가 정답입니다.

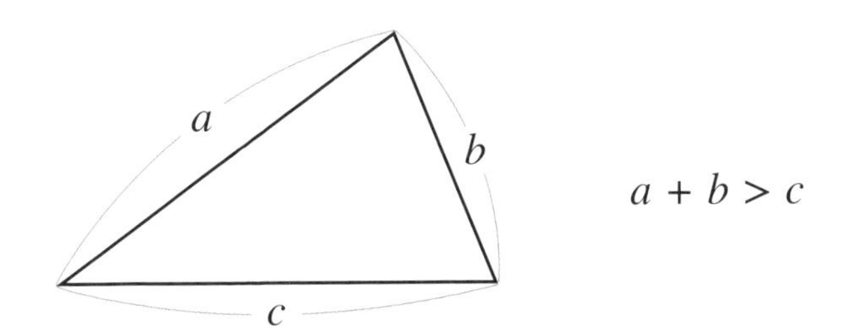

거인의 어깨

04

파리의 천재들

천재라고 하면 여러분은 어떤 이미지가 떠오르나요? 신에게 물려받은 것처럼 자신의 분야에서 놀라운 능력을 발휘하는 천재. 그런 사람을 보면 부럽기도 하고 좌절감이 들기도 합니다.

수학 분야에서 유명한 천재로 피에르 페르마(Pierre de Fermat)가 있습니다. 1607년 프랑스에서 태어난 페르마의 직업은 원래 판사였습니다. 그는 정식으로 수학교육을 받은 적이 없었지만, 취미로 수학을 공부하며 SCI(Science Citation Index, 기술적 가치가 높다고 평가된 학술지에 게재된 논문을 바탕으로 구축한 과학기술논문색인지수)에 실릴 정도의 논문을 한 달에 한 편 이상 척척 써냈습니다. 물론 낮에는 법관으로서 일하면서 말입니다. 그렇게 써낸 논문 중에는 세계적 연구 수준을 넘어 역사에 기록될 정도의 성과도 다수 있었습니다. 그는 정말로 타고난 천재였습니다. 페르마뿐 아니라 17세기 프랑스 파리에는 수많은 천재가 동시에 등장해 다양한 학문의 발전을 이끌었습니다. 어떻게 이런 일이 있을 수 있었을까요? 여기서 문제 하나를 소개합니다.

"양팔 저울로 무게를 재는 1~40g의 추가 40개 있습니다. 양팔 저울을 들고 이동할 때에는 40개 추를 모두 가져갈 필요가 없습니다. 가장 적은 개수의 추를 들고 가려면 몇 그램짜리 추를, 몇 개 가져가면 될까요?"

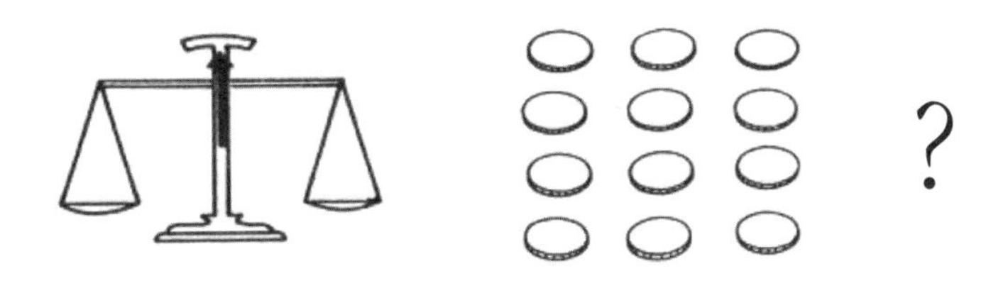

이 문제 보고 수학 센스가 있는 사람이라면 2진법을 떠올릴 것입니다. 그리고 1g, 2g, 4g, 8g, 16g, 32g 이렇게 6개의 추만 있으면 충분하다는 걸 알 수 있습니다. 그런데 이 문제에서는 양팔 저울이 등장하므로 1g, 3g, 9g, 27g 이렇게 4개의 추만 있으면 충분합니다. 양팔 저울은 반대편에 추를 놓을 수 있기 때문입니다.

양팔 저울의 한쪽을 뺄셈이라고 생각하면 이해하기 쉽습니다. 뺄셈은 양팔 저울의 반대편에 추를 올려놓는 것을 의미하며, 이 방식으로 1에서 40까지를 4개의 수 1, 3, 9, 27로 모두 표현할 수 있습니다. 예를 들면, 2는 3 - 1, 4는 3 + 1, 5는 9 - (3+1)과 같이 표현할 수 있습니다. 이렇게 하면 1g에서 40g까지의 무게는 4개 추 1g, 3g, 9g, 27g로 모두 측정이 가능합니다. 3진법이 적용된 풀이 과정입니다.

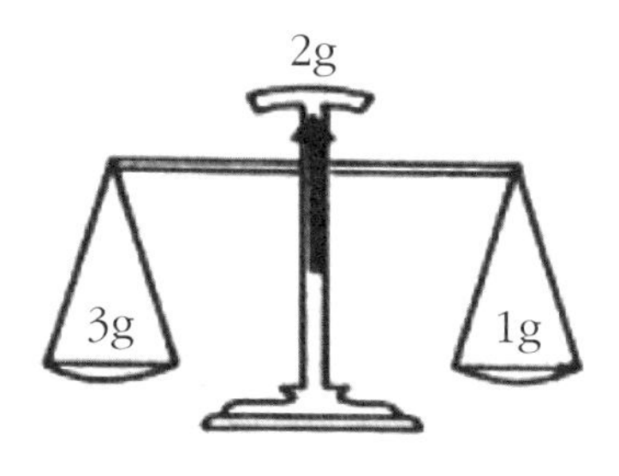

2g = 3g - 1g (-1g은 저울에서 반대편에 1g을 놓는 것을 의미)

4g = 3g + 1g

5g = 9g - (3g + 1g)

6g = 9g - 3g

7g = (9g + 1g) - 3g

8g = 9g - 1g

…

40g = 27g + 9g + 3g + 1g

재미있는 이 문제는 언제 만들어진 것일까요? 1612년 프랑스의 수학자 클로드 바셰(Claude Bachet)가 쓴 《숫자로 이루어진 재미있는 문제들》이라는 책에 소개된 것입니다. 1600년대에 이미 이런 문제가 들어 있는 책이 있었다는 사실이 놀랍습니다. 사실 이 문제는 책이 나오기 전부터 사람들의 입에서 입으로 전해졌을 것입니다. 수학에서 '대수학'이라는 분야는 장사를 하는 사람들의 실용적인 목적으로 발전했는데, 양팔 저울은 수학의 등호와 같은 의미를 갖습니다. 그래서 오래된 수학 퍼즐에는 양팔 저울이 자주 등장합니다.

기원전 6세기 탈레스와 피타고라스로부터 시작된 고대 그리스의 수학은 기원전 2세기경 알렉산드리아 시대에 황금기를 맞이합니다. 그리고 기원 후 400년 정도에 기독교 사상 이외의 학문을 인정하지 않았던 기독교인이 알렉산드리아 대도서관을 불태우면서 중세 1,000년간의 암흑기가 이어집니다. 이후 구텐베르크가 금속활자를 만들어 인쇄술이 발달하면서, 1,000년 동안 죽어 있던 고대 그리스의 책들이 다시 살아나기 시작했습니다.

하지만 고대 그리스에서 쓰던 언어는 1600년대 프랑스 사람들이 쓰던 언어와는 전혀 달랐습니다. 고대의 학문이 너무나 궁금했던 프랑스의 바셰와 같은 학자들은 많은 노력을 기울여 고대 그리스의 책들을 라틴어나 프랑스어로 번역해 출간했는데, 그중 가장 인기 있던 것이 유클리드(Euclid)의 《기하학 원론》과 디오판토스의 《산술》이라는 책이었습니다. 이 책은 당시 수학과 과학의 부흥 및 발전에 매우 중요한 역할을 합니다.

정규 수학교육을 받은 적이 없었던 페르마의 유일한 수학 선생님이 바로 바셰가 출간한 디오판토스의 《산술》이었습니다. 페르마에게 수학적 재능이 있었던 것은 틀림없지만, 그의 천재적 재능이 꽃 피울 수 있었던 것은 이러한 시대적 환경 덕분이었습니다. 1607년 페르마가 태어나기 이전에는 수학을 공부할 책도, 수학의 기호법도 없었습니다. 어쩌면 페르마는 열심히 공부만 하면 천재가 될 수 있는 시대에 딱 맞추어 태어난 것입니다.

서양에는 있었고 동양에는 없었던 것

1600년대 프랑스 파리에는 사회 전반에 걸쳐 수학과 과학이 발전할 만한 환경이 만들어지고 있었습니다. 그에 반해 우리나라 조선의 상황은 그렇지 못했죠. 왜구와 오랑캐의 침략이 계속되어 1592년에 임진왜란, 1636년에는 병자호란이 일어났습니다. 서양과 동양의 역사를 비교해보면 17세기 전까지는 동양의 발전이 더 눈부셨습니다. 하지만 17세기에 들어서면서 동양과 서양의 생활이 역전되기 시작합니다. 왜 그랬을까요? 동양인이 서양인보다 더 열심히 공부하고 일하지 않았기 때문일까요? 바로 당시 사람들이 집중한 과목이 달랐기 때문입니다. 서양에서는 자연과학에 집중했고, 조선에서는 성리학을 파고들었습니다. 집중한 학문의 차이는 곧 발전의 차이를 만들었습니다.

'무데뽀'라는 말을 들어보셨습니까? 무데뽀 정신이라고 많이 사용하죠. 일본어에서 유래한 단어인데, 한자로 무철포(無鐵砲)라고 씁니다. 데뽀가 일본어로는 조총, 무데뽀라는 말은 '조총 없이 싸운다'는 뜻입니다.

상대는 총을 들고 나서는데, 나는 칼이나 막대기를 들고 "열심히 싸우면 이길 수 있어" 하며 달려든다면 어떻게 될까요. 결코 이길 수 없습니다. 그래서 '무데뽀는 안 된다'는 의미로 사용하던 말이 의도와 다르게 전해지면서 지금의 의미로 사용하게 되었습니다.

1592년에 일어난 임진왜란은 일본을 통일한 세력이 그 힘을 확장하며 조선을 침략한 전쟁이었습니다. 그들이 일본을 통일할 수 있었던 힘은 조총이었습니다. 1543년, 표류하던 포르투갈 상인이 일본의 어느 지역으로 흘러 들어가게 되었고, 그 지역의 영주는 우연히 찾아온 포르투갈 상인에게서 조총 두 자루를 얻습니다. 그리고 대장장이에게 얻어온 조총을 똑같이 만들게 했지요. 그 조총의 힘으로 일본 전역을 통일하고 조선까지 침략한 것입니다.

세상을 바꾸려면 조총과 같은 강력한 무기가 필요합니다. 서양에는 조총과 같은 무기가 있었고, 동양에는 없었습니다.

서양의 발전에서 일본의 조총과 같이 강력한 역할을 한 무기는 바로 미분과 적분이었습니다. 수학에서 미분과 적분이 만들어지면서 서양의 과학은 폭발적으로 발전했습니다. 그렇게 시작된 과학 혁명은 산업 혁명을 낳았고, 그를 통해 지금과 같은 세계 질서가 만들어졌습니다.

데카르트의 해석기하학

흥미로운 것은 각각 다른 나라에 살던 뉴턴과 라이프니츠가 동시대에 미분과 적분을 독자적으로 만들어냈다는 사실입니다. 세상을 바꿀 세기적 발명을, 1642년 영국에서 태어난 뉴턴과 1646년 독일에서 태어난 라이프니츠가 서로 의견을 주고받은 것도 아닌데, 거의 같은 시기에 만들어내다니! 우연일까요?

그것은 우연이라기보다 누군가가 미적분이 탄생하기 위한 완벽한 토대를 만들어놓았기 때문이었습니다. 뉴턴이나 라이프니츠가 아니라도 누군가 미적분을 만들 수밖에 없는 토대가 형성되어 있었지요. 그 토대를 만든 사람이 바로 데카르트입니다. 미분과 적분은 데카르트의 해석기하학이 있었기에 탄생했습니다.

데카르트는 기하학과 대수학을 연결해 해석기하학이라는 분야를 만들어냈습니다. 이를 토대로 뉴턴과 라이프니츠가 미적분을 만들 수 있었던 것이죠. 뉴턴이 한 유명한 말이 있습니다.

"내가 더 멀리 볼 수 있었던 것은 거인의 어깨 위에 올라서 있었기 때문이다."

그가 멀리 본 것이 미적분의 발견이라면 그를 어깨 위에 올려 세워준 거인은 바로 데카르트였습니다.

수학은 크게 대수학과 기하학으로 나뉩니다. 수학을 방정식처럼 수와 기호로 계산하고 연구하는 학문이 대수학이고, 도형과 공간 등 그림으로 나타내는 학문이 기하학입니다.

고대 그리스의 수학은 기하학이었습니다. 기하학을 영어로 geometry라고 하는데, geo는 땅을 의미하고 metry는 측량한다는 의미입니다. 땅에 농사를 짓고 건물을 세우는 등 농경과 건축을 위해 선을 긋고 도형을 그리는 것으로 시작된 수학이기 때문입니다. 대수학은 영어로 algebra라고 하는데, 이 말은 아라비아의 수학자 알콰리즈미(Al Khwarizmi)가 쓴 책의 제목에서 유래했다고 합니다. 아라비아에서는 상업이 발달하며 "10,000원에 40개를 샀으면 1개에 얼마지?" 같은 문제를 해결하기 위해 수학이 필요했습니다. 이렇게 아라비아 문화권에서는 대수학이 발달하게 됩니다.

아라비아에서 발전한 대수학이 유럽에 전해지고, 구텐베르크가 만든 금속활자로 인쇄술이 발달해 고대 그리스의 기하학책이 당시의 언어로 번역되어 출판되던 시대, 그때를 살고 있던 데카르트는 대수학과 기하학을 연결해 해석기하학을 만들었습니다.

연결, 그리고 환경

환경이 천재를 만든다고 합니다. 그러니 자녀를 천재로 키우고 싶은 부모라면 환경을 고민해야 합니다. 그리고 천재를 만드는 환경의 중요한 키워드는 '연결'입니다. 창조적 결과물은 생각과 생각, 기술과 기술 등 기존 것이 연결되어 새로운 기능을 발휘하며 탄생합니다.

생각이 연결되기 위해서는 먼저 사람이 연결되어야 합니다. 역사 속 대표적 창조 시대를 소개할 때는 르네상스를 이야기합니다. 르네상스 시대에 상업이 발달하면서 태어나 죽을 때까지 한 곳에서만 살던 사람들이 멀리 이동하고 도시로 모이게 되었습니다. 그리고 각자의 지식을 서로 연결하면서 창조적 문화, 지식이 폭발적으로 탄생했습니다.

수학에서도 이런 연결의 가치를 폭발시키는데 중요한 역할을 한 사람이 있습니다. 17세기 프랑스 파리의 마랭 메르센(Marin Mersenne)입니다.

1588년에 태어난 메르센은 2^n-1과 같은 형태의 수를 연구해 수학사에 이름을 남겼습니다. 그의 직업은 신부였습니다. 메르센은 성직자가 되기 위해 어릴 적 신학교를 다녔는데, 그 학교에서 친하

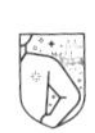

게 지내던 후배가 바로 데카르트였습니다. 가톨릭 신부가 된 메르센은 신학과 철학을 연구하다가 나중에 물리학과 천문학, 수학 연구로 방향을 바꿉니다. 다방면의 지식을 갖춘 메르센은 당시 과학과 수학을 연구하던 친구들을 자신의 집으로 불러 수학·과학과 관련한 이야기를 나누는 동호회를 만들었는데, 그 모임에 참여한 사람들이 갈릴레이·호이겐스·토리첼리·데카르트·파스칼·페르마 같은 대단한 학자들이었습니다. 그들은 메르센 신부의 집에 모여 자신의 연구 결과를 발표하기도 하고, 서로의 연구에 필요한 조언을 주고받기도 했습니다. 직접 만나지 않아도 편지를 주고 받으며 고민하던 문제에 대한 아이디어를 얻기도 했죠.

당시 최신의 수학과 과학에 대해 이야기하던 이 모임은 후에 파리 학술원이 되었고, 1662년 루이 14세의 승인을 얻어 파리 왕립 과학아카데미로 발전합니다. 그리고 학자들에게 종교의 영향에서 벗어나 자유롭게 학문을 연구하는 환경을 제공하며 프랑스 과학 발달에 큰 역할을 했습니다.

결과를 만들고 싶다면 환경을 만들어야 합니다. 클로드 바셰가 고대 그리스의 책들을 17세기 프랑스인이 읽을 수 있는 책으로 번역한 것처럼, 그리고 메르센 신부가 지식인들의 모임을 만들어, 그들이 서로 교류하며 더 좋은 성과를 만들어갈 수 있는 환경을 만든 것처럼요.

자기 계발에서 말하는 최악의 리더십은 '직접 물고기를 입에 넣어주는 것'이라고 합니다. 물고기를 주기보다는 낚시하는 방법을 알려주고, 자유롭게 낚시할 수 있는 환경을 만들어줘야 한다고 하죠. 중요한 것은 토대를 만드는 것입니다. 개인의 발전과 조직의 성장을 이끌어줄 토대에 대해 고민해야 합니다.

나를 변화시키는 세 가지 방법

삶에 어떤 변화를 주고 싶다면 일본의 경제학자 오마에 겐이치(大前研一)의 명언을 기억할 필요가 있습니다.

> "인간을 바꾸는 방법은 세 가지뿐이다. 시간을 달리 쓰는 것, 사는 곳을 바꾸는 것, 새로운 사람을 사귀는 것. 이 세 가지 방법이 아니면 인간은 바뀌지 않는다. 새로운 결심을 하는 것은 가장 무의미한 행위다."

결국 환경을 바꿔야 내가 바뀝니다. 눈에 보이지 않는 마음의 다짐보다 '시간' '공간' '사람' 이렇게 눈에 보이는 환경의 변화가 필요합니다.

3년 계획으로 아파트를 짓는 공사장을 보면 2년 동안은 땅만 계속 팝니다. 파고 다지는 과정을 2년 정도 보고 있으면, '저거 언제 다 짓지?'라는 생각이 들죠. 그런데 그러다가 건물이 올라가기 시작하면 하루가 다르게 쑥쑥 올라갑니다.

다른 사람의 성과가 쑥쑥 올라가는 것을 보면서 부러워하기 전에 나의 성과를 쑥쑥 올려줄 토대를 마련하시기 바랍니다.

하나보다는 둘

05

생각의 연결

다음 문제의 정답은 무엇일까요?

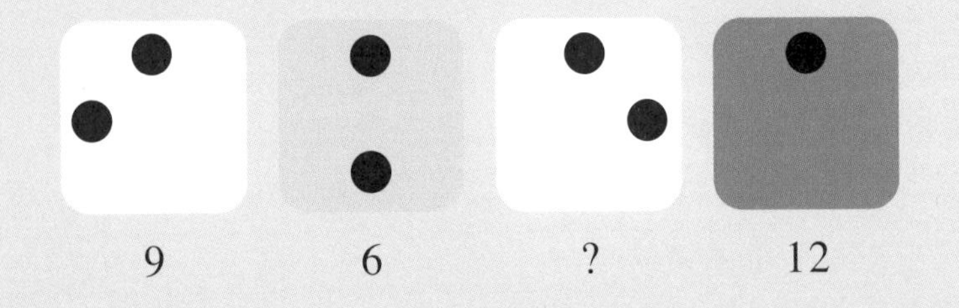

이 문제는 주어진 그림만 가지고선 풀 수가 없습니다. 그림에는

없는 다른 종류의 상식을 찾아내야 답을 얻을 수 있습니다. 문제의 그림과 문제에 없는 상식을 연결시켜야 주사위 아래에 쓰인 수가 의미를 갖고, 그 맥락으로 물음표에 들어갈 수를 찾을 수 있습니다.

이 문제에 등장한 그림은 주사위 모양이지만 사실 이 그림은 시계를 의미합니다. 시계에 나타나는 9시, 6시, 12시를 점으로 표현한 것으로, 물음표 자리에는 3시를 의미하는 3이 들어갑니다.

이런 문제는 서로 다른 아이디어를 연결시켜준다는 측면에서 커다란 의미가 있습니다. 서로 다른 분야, 서로 다른 기술을 연결해보는 것은 매우 강력한 생각의 기법입니다.

예를 들어, 기말고사를 앞두고 선생님이 2×3=6이라는 식이 시험에 나온다고 했습니다. 그 말을 듣고 단순하게 식 자체를 암기하는 학생이 있고, 다음과 같이 2개가 짝꿍인 동그라미 3세트가 있는 그림을 외우는 학생이 있습니다. 누가 더 빠르게, 오랫동안 이 식을 기억할까요? 단순 암기하는 학생보다는 그림과 수라는 두 가지 방식을 연결한 학생일 것입니다.

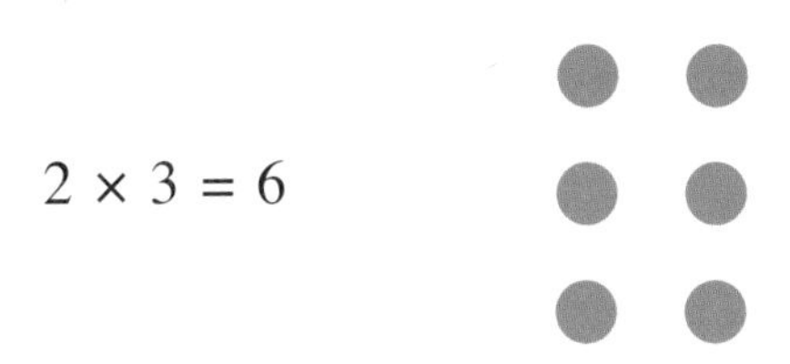

'연결'이 중요합니다.

어떤 대상을 이해한다는 것은 아는 것과 모르는 것을 연결하면서 모르는 대상을 알아가는 과정입니다. 모르는 것을 아는 것과 더 많이 연결할수록 더 잘 이해할 수 있고 더 오래 기억합니다. 가끔 근육 하나 없이 말랐는데, 힘이 아주 센 친구들을 봅니다. 반면 어떤 친구는 몸집이 크고 근육이 많은데 힘은 별로 못 쓰기도 하고요. 그 이유는 무엇일까요? 힘을 쓸 때는 근육도 필요하지만, 근육과 근육을 연결하는 능력이 더 중요하다고 합니다. 근육과 근육이 강력하게 연결되어 있으면 더 큰 힘을 쓸 수 있는 것이지요.

이 원리는 신경세포에도 적용됩니다. 신경세포 뉴런은 시냅스를 통해 서로 연결됩니다. 두뇌를 잘 활용하려면 뉴런이 많고 크게 발달하는 것도 중요하지만, 그보다 시냅스가 많이 형성되고 그 밀도가 높아지는 것이 더 중요합니다. 흔히 뇌가 큰 사람보다 뇌 주름이 많은 사람이 똑똑하다고 하는 이유입니다. 세상의 많은 지식을 알고 있는 것도 대단하지만, 그 지식을 잘 연결해 사용하는 사람의 현명함을 이기지는 못합니다.

깊이 파고드는 생각도 중요하지만, 복잡한 현대를 살아가는 우리에게 필요한 것은 다양한 생각을 연결하는 방식입니다. 강력한 하나보다 평범한 둘을 연결하는 것이 훨씬 더 효과적입니다.

하나보다는 둘

언제 어디서나 하나보다는 둘을 생각하는 것이 유리합니다. 영화나 소설을 볼 때도 하나의 소재보다는 둘 이상의 소재나 스토리가 얽히는 것이 훨씬 재미있죠. 퀴즈에도 하나의 아이디어보다는 두 가지 이상 아이디어가 필요한 문제가 신선한 재미를 줍니다. 다음 문제를 한번 보겠습니다.

"성냥개비를 하나 옮겨서 식이 성립하도록 만들어보세요. 어떤 성냥개비를 옮기면 좋을까요?"

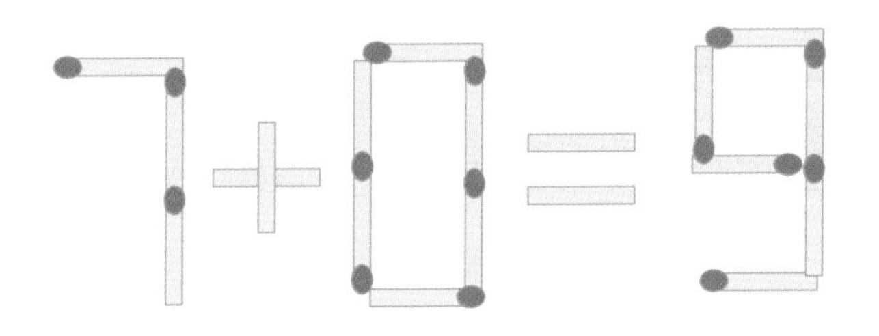

이 문제는 성냥개비를 옮겨서 다른 수를 만드는 것인데요, 이 문제를 출제한 사람은 성냥개비로 수를 만드는 것에 한 가지 아이디어를 더했습니다. 일단 먼저 문제를 해결해보면 다음과 같습니다. 9에서 성냥개비를 하나 빼서 3으로 만들고, 빼낸 성냥개비 하나를 0 사이에 넣어서 8을 만드는 겁니다.

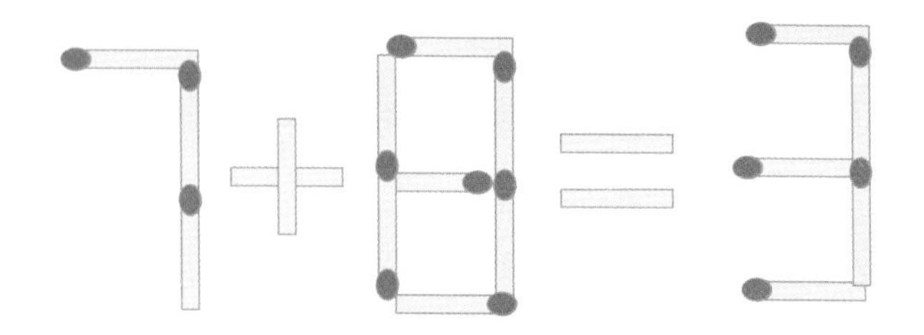

이렇게 하면 7+8 =3인데요, 이것은 시계를 의미합니다. 시계의 이미지를 떠올리면 7시+8시는 3시가 됩니다 숫자 퀴즈에 시계라는 아이디어를 하나 더해 훨씬 임팩트 있는 문제가 완성되었습니다. 하나보다는 둘이 강력하지요.

창조의 공식 A + B = C

문제를 하나 더 소개합니다.

"불을 붙이면 정확하게 한 시간 동안 타는 밧줄이 있습니다. 밧줄이 일정하게 타지는 않습니다. 어떤 부분에서는 빨리 타고 어떤 부분에서는 천천히 탑니다. 아무튼 정확하게 한 시간 동안 탑니다. 이런 밧줄 2개를 이용해 45분을 측정할 수 있을까요?"

이 문제는 약간 황당하게 들리기도 하는데요, 일단 문제를 단순화시켜 밧줄 하나로 30분을 측정하는 방법을 생각해볼까요?

① 밧줄 하나로 30분을 측정하시오.

불을 붙이면 정확하게 한 시간, 즉 60분 동안 타기 때문에 밧줄을 반으로 잘라서 태우면 될 것 같지만, 문제의 조건에 보면 밧줄이 일정하게 타는 것은 아니라고 했습니다. 반을 잘라서 불을 붙인다고 그것이 30분 동안 탄다는 보장이 없습니다. 가령, 다음과 같이 A라는 구간에서 50분 동안 타고 나머지 구간에서 10분 동안 타면서 60분을 채운다면 반을 잘라서 불을 붙인다고 30분 동안 타는 것은 아니겠죠.

밧줄 하나로 30분을 측정하는 방법은 밧줄의 양끝에 불을 붙이는 겁니다. 밧줄이 일정하게 타지는 않더라도 아무튼 한 시간 동안 모두 타니까, 양쪽에서 불을 붙이면 정확하게 30분 동안 탄다고 볼 수 있겠지요.

밧줄 하나로 30분을 측정할 수 있다면, 이 아이디어를 가지고 처

음 문제인 밧줄 2개로 45분을 측정할 수 있다는 걸 알게 됩니다.

② 밧줄 2개로 45분을 측정하시오.

밧줄 2개로 45분을 측정하는 방법은 이렇습니다. 일단 다음과 같이 세 곳에 동시에 불을 붙입니다.

양쪽에 불을 붙인 밧줄이 모두 탔다면 30분이 지난 것입니다. 그리고 한 쪽만 불을 붙인 밧줄은 앞으로 30분 동안 더 타겠죠. 그러니 30분이 지난 시점에 한쪽에만 불을 붙인 밧줄의 나머지 한쪽에 불을 붙이는 겁니다. 그럼 30분 동안 탈 것이 15분 동안 다 타겠죠. 이렇게 하면 45분을 측정할 수 있습니다.

하나의 밧줄로 30분을 측정하는 첫 번째 문제의 방법을 생각해내기는 어렵습니다. 이런 종류의 문제를 많이 접한 사람이 아니라면 쉽게 생각할 수 없죠. 하지만 하나의 밧줄로 30분을 측정하는 방법을 들은 사람은 밧줄 2개로 45분을 측정하는 문제를 쉽게 해

결할 수 있습니다. 두 번째 문제는 첫 번째 문제와 연결되기 때문입니다. 첫 번째 문제를 푼 방법과 같은 맥락으로 두 번째 문제를 푸는 겁니다. 이렇게 생각을 연결하는 것이 창의성의 핵심입니다.

창의성은 새로운 것을 만들기보다는 기존의 것을 새롭게 연결하는 것이죠.

앙버터라는 빵을 아십니까? 빵 사이에 팥과 버터를 넣은 것인데, 독특하면서도 맛있습니다. 평범한 빵 사이에 평범한 팥과 평범한 버터를 넣었을 뿐인데, 결과는 히트 상품이 되었습니다. 이것이 바로 창조의 공식입니다. 평범한 것과 평범한 것을 연결해 특별한 것으로 만드는 것. 특별한 것은 결코 특별한 방법으로 만들어지지 않습니다. 평범한 것과 평범한 것이 단지 '연결'이라는 방식으로 새롭고 특별한 것이 됩니다.

하나의 아이디어는 다른 아이디어로 연결되는 특성이 있습니다. 맥도날드에서는 자동차에서 바로 주문하고 받아 가는 방법으로 햄버거를 팔고, 스타벅스는 같은 방법으로 커피를 팔았습니다.

2015년 광주 광산구에서는 민원 업무를 보기 위해 방문하는 주민이 증가하면서 주차 공간이 부족해지는 어려움이 발생했습니다. 당시 한 직원이 드라이브스루 시스템을 도입해 민원 서류를 발급하자는 아이디어를 냈습니다. 차안에서 민원 서류를 신청하고 발급받는 거죠. '차타GO 민원보GO'라는 이름으로 시행한 드라이브스루 민원 센터는 평소 15~30분 걸리던 업무를 3~9분에 처리하여 큰 호응을 얻었습니다. 햄버거와 커피의 판매 방식이 민원 업무로까지 연결된 것이죠. 드라이브스루는 코로나19가 대유행하던 때에는 선별진료소에 적용되었습니다. 검사자가 다녀갈 때마다 진료실을 소독하느라 1인당 최대 한 시간이라는 검사 시간이 필요했지만 검사자가 차에 탑승한 채 창문을 열고 문진과 발열 체크를 하는 방법으로 바꾸니 검사 시간은 10분이 채 걸리지 않았습니다. 인천의료원의 한 의사가 제안한 드라이브스루 선별진료소는 "어메이징!"이라는 칭찬을 받으며 외신들이 앞다투어 소개했고, 전 세계로 퍼져나갔습니다. 이렇게 아이디어는 계속 연결됩니다. 중요한 것은 '연결'입니다.

2022년 7월, 우리나라의 허준이 교수가 '수학의 노벨상'이라 부르는 필즈상을 수상하며 세계적 뉴스가 되었습니다. 필즈상은 수학자로서는 가장 명예로운 상입니다. 노벨상이 대단한 업적을 이루어낸 결과에 대해 수여하는 상이라면, 필즈상은 대단한 업적을 이룰 가능성을 지닌 사람에게 수여하는 상입니다. 그래서 나이 규정으로 인해 40세 이하의 수학자만 받을 수 있습니다. 게다가 4년에 한 번 수상자를 선정하기 때문에 노벨상보다 받기가 더 어렵지요. 우리나라 수학자가 필즈상을 수상한 것은 대단히 자랑스럽고 기쁜 일입니다. 허준이 교수는 벌써 수학계의 난제를 11개나 풀었다고 합니다. 보통 수학자들이 평생에 하나도 풀기 어려운 문제를 40세가 되기 전에 11개나 풀었다는 것은 그가 필즈상을 받을 만한 충분한 자격이 있음을 의미합니다. 허준이 교수가 처음 푼 문제는 조합에 관한 것으로, 그는 조합에 관한 문제를 전혀 다른 종류의 수학이었던 대수기하학으로 풀어냈다고 합니다. 전혀 다른 종류의 수학을 연결해 문제를 해결하면서 그는 '조합론+대수기하학'이라는 수학의 새로운 분야를 창조해냈습니다.

지금까지 수학은 기존의 것을 연결하며 새로운 영역을 창조해왔습니다. 수직선은 수와 직선을 연결한 것으로, 수학의 연산이나 여러 가지 개념을 생각하고 문제를 푸는 데 유용하게 사용되죠. 사실 수직선은 '실수+직선=수직선'입니다.

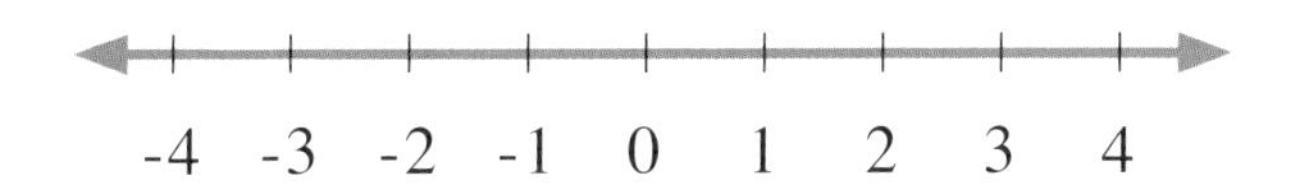

1차원 직선을 확장하면 2차원 평면이 되는데요, 수학자들은 2차원 평면에 복소수를 연결해 '복소수+평면=복소평면'을 만들었습니다. 실제로는 존재하지 않는 허수라는 개념을 도입해 복소수를 만든 수학자들은 복소평면을 도입해 복잡하고 어려운 문제들을 해결합니다. 이게 바로 연결의 힘이죠.

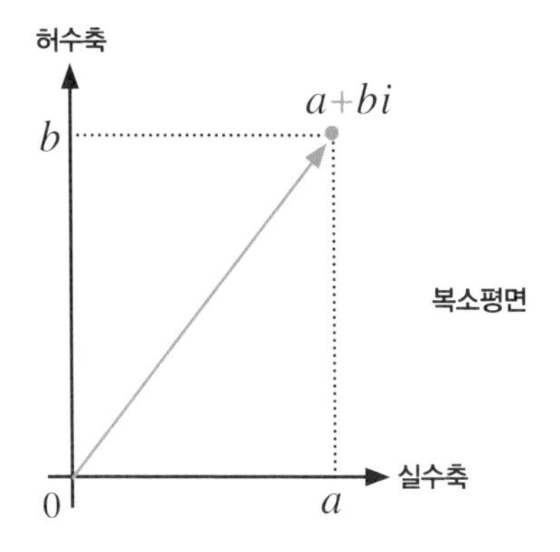

수학과 인생

수를 사랑하는 사람은 수학과 인생도 연결하고 싶어 합니다. 그래서 다양한 수식으로 인생을 표현하려 노력하고, 또 많은 사람들이 이런 식을 재미있게 생각합니다. 아래의 식을 볼까요?

$$\text{Life} = \int_{birth}^{death} f\,(experience)\;dt$$

태어나서 죽을 때까지 시간을 보내며 경험하는 것에 내가 어떻게 반응하느냐가 바로 나의 인생이라는 의미의 식입니다. 재미있는 표현입니다.

복소평면에 어떤 수를 나타낼 때에는 실수 a, b를 이용해 $a+bi$

와 같이 표현합니다. 이것을 이용해 다음과 같은 식도 만들어졌습니다.

$$\text{Life} = \text{Reality} + i\,(\text{Dreams})$$

복소수를 complex number라고 하는데요, complex는 복잡하다는 뜻을 갖고 있죠. 그래서 인생을 complex로 표현한 것입니다. 다음과 같이 단순하게 인생을 표현한 식도 있습니다.

$$\text{Life} = \frac{\text{YES}}{\text{No}}$$

부정적인 NO를 줄이고, 긍정적인 YES를 키우면 그만큼 인생이 풍성하고 넓어진다는 의미겠지요. 맞는 말입니다.

인생에 관한 공식 중 제가 가장 좋아하는 식은 이것입니다.

인생
\+ 웃음
\- 미움
× 사랑
÷ 분노

행복

3%의 법칙

연결의 힘은 성공에 있어서도 영향력을 발휘합니다. 25%+25%=3%라는 법칙이 있습니다. 내 능력이 상위 25%에 포함되는 A 분야의 일과 상위 25%에 들어가는 또 다른 B 분야의 일을 연결하면, 나는 상위 3%의 포지션을 갖게 된다는 법칙입니다.

25% + 25% = 3%

어떤 일이든 상위 3%에 들어가면 아주 강력한 보상을 받게 됩니다. 이것은 개인이나 회사에 모두 적용됩니다. 서로 다른 분야의 연구가 연결되면서 오랜 난제가 해결되기도 하고, 전혀 상관없어 보이던 제품을 연결해 히트 상품이 되기도 합니다. 놀라운 성장을 꿈꾸고 있다면 '3%의 법칙'을 기억하시기 바랍니다.

무질서의 규칙

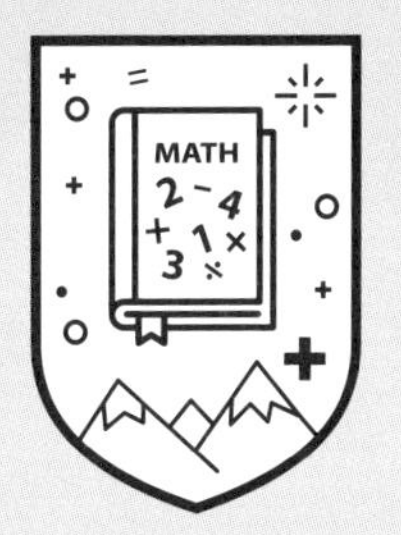

06

질서의 아름다움

우리가 사는 세상에는 수많은 질서와 규칙, 패턴이 있습니다. 어쩌면 우리 안의 다양한 질서와 규칙을 찾는 것이 바로 수학이라고 할 수 있습니다. 갈릴레오 갈릴레이(Galileo Galilei)는 "신은 수학이란 언어로 우주를 창조했다"고 말하기도 했습니다, 우주에 깃든 질서와 규칙 그리고 패턴이 바로 수학의 특징을 잘 보여주기 때문입니다. 그의 주장에 따르면 수학이란 언어로 만들어진 우주에는 질서와 규칙, 패턴이 있습니다. 그리고 그 질서가 바로 수학의 아름다움입니다. 다음과 같은 관계를 볼까요?

$$1^3 = (1)^2$$

$$1^3 + 2^3 = (1+2)^2$$

$$1^3 + 2^3 + 3^3 = (1+2+3)^2$$

$$1^3 + 2^3 + 3^3 + 4^3 = (1+2+3+4)^2$$

$$1^3 + 2^3 + 3^3 + 4^3 + 5^3 = (1+2+3+4+5)^2$$

$$\cdots$$

$$\sum_{k=1}^{n} k^3 = \left(\sum_{k=1}^{n} k\right)^2$$

이런 규칙과 질서를 보면 수학의 아름다움이 느껴집니다. 그리고 이런 관계와 패턴을 더욱 많이 찾고 싶어집니다. 하지만 이런 세상의 규칙을 찾아가는 과정에서 주의해야 할 것이 있습니다. 내가 생각하는 규칙과 질서가 바로 수학의 규칙과 질서는 아니라는 사실입니다. 우리는 가끔 마음대로 질서를 생각하고, 규칙을 정하는 오류를 범합니다. 수학은 이 세상에 우리가 아는 것보다 훨씬 더 큰 규칙과 질서가 있음을 알려줍니다. 알고 있던 틀을 깨기를, 그리고 유연하고 다양하게 생각하기를 요구합니다.

벤포드의 법칙

여러분에게 게임 하나를 제안하겠습니다. 두꺼운 책의 아무 페이지나 펼쳐서 처음 나오는 수의 첫 번째 숫자를 맞히는 겁니다.

가령 532가 나왔다면 5가 첫 번째 숫자입니다. 첫 번째 숫자로 올 수 있는 것은 1, 2, 3, 4, 5, 6, 7, 8, 9 중 하나입니다. 9개의 숫자 중에 1, 2, 3, 4가 나오면 제가 이기고, 5, 6, 7, 8, 9 중 하나가 나오면 여러분이 이기는 것입니다. 내가 가진 수가 4개, 여러분이 가진 수가 5개니까 여러분이 유리한 게임이죠. 게임에 참여하시겠습니까?

사실 여러분이 누군가에게 이 게임을 제안한다면 여러분이 1, 2, 3까지 숫자 3개를 선택하고 상대방에게 4, 5, 6, 7, 8, 9까지 숫자 6개를 선택하게 해도 여러분이 유리합니다. 왜냐하면 일반적으로 9개 숫자 중 1, 2, 3, 즉 앞에 있는 3개의 숫자가 첫 번째 수로 올 확률은 60%가 넘습니다.

무작위로 수를 선택했을 때, 그 수의 첫 번째 숫자는 균일하게 11%의 확률로 나타나지 않습니다. 1이 가장 많이 나오고 그다음이 2, 그리고 3, 4, 5 …의 순서로 나타납니다. 참 신기하죠. 이것을 '벤포드의 법칙(Benford's law)'이라고 부릅니다.

1938년 물리학자 프랭크 벤포드(Frank Benford)는 미국 도시들의 인구 기록표, 335개 강의 표면적, 물리학 상수 104가지, 분자 중량 1,800개, 5,000권의 수학책과 308권의 잡지에 나오는 수, 야구 통계 등 여러 곳에서 무작위로 수를 뽑았습니다. 그랬더니 그 수들의 첫 번째 숫자가 균일하게 분포되어 있지 않고 어떤 특별한 규칙을 갖고 있다는 사실을 발견했습니다. 그가 발견한 결과는 이랬습니다.

1로 시작하는 수는 전체의 30.1%, 2는 17.6%, 3은 12.5%, 4는 9.7%, 5는 7.9%, 6은 6.7%, 7은 5.8%, 8은 5.1%, 9는 4.6%.

이것은 수학적 연구로 만들어진 결론이 아니라 관찰에 의한 결과였습니다. 벤포드는 이런 비율을 로그가 들어가는 다음과 같은 공식으로 정리했습니다.

$$P(k) = \log_{10}(1+\frac{1}{k})$$

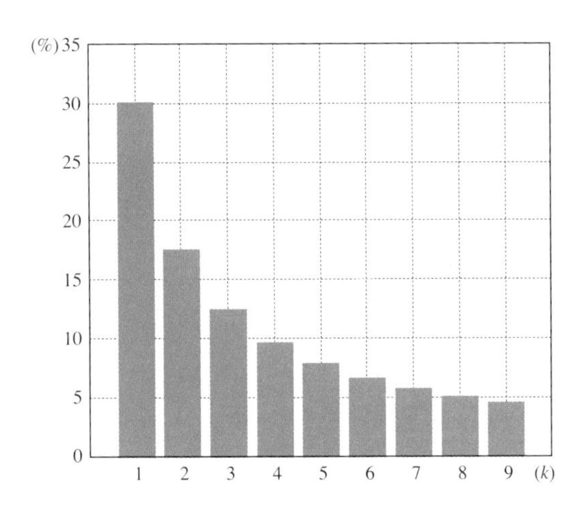

벤포드의 법칙이 알려진 후 사람들은 건물 높이, 주소의 번지수, 전기 요금, 세금, 주식, 집값 통계, GDP 등 다양한 분야에서 벤포드의 법칙을 확인해봤습니다. 그 결과, 놀라울 만큼 많은 곳에 이 법

칙이 적용되고 있었습니다.

2001년 미국의 에너지 기업 엔론(Enron)의 회계 부정 사건이 터졌을 때 전문가들은 엔론의 회계 장부에 나타나는 수들이 벤포드의 법칙을 따르지 않는 것을 확인하고, 장부가 조작되었다는 것을 확신했다고 합니다. 2009년 국가 부도 위기에 몰린 그리스가 유로존 가입을 위해 재정 적자의 규모를 조작해 회계 부정을 일으켰을 때도 전문가들은 벤포드의 법칙을 적용해 회계 조작을 간파했다고 하죠.

무작위로 선택한 수의 첫 번째 숫자라고 하면 언뜻 생각하기에 1부터 9까지 균일하게 그러니까 11%씩 비슷하게 나올 것 같지만, 사실은 그렇지 않다는 것이 벤포드의 법칙입니다.

자연은 불균형하며, 우리가 파악하지 못하는 또 다른 질서를 갖고 있는 셈입니다. 우리는 은연중에 균일한 분포를 자연스럽다고 생각합니다. 하지만 그건 우리 머릿속에서만 일어나는 착각일 뿐, 현실은 전혀 다릅니다.

80:20 법칙도 이런 불균형을 지적합니다. 어떤 가게에 100명의 사람이 와서 100만 원을 썼습니다. 이때 1인당 1만 원을 썼다고 생각한다면 비현실적이지만, 20명이 80만 원을 썼다고 생각하면 현실적입니다. 100명의 영업 사원이 있는 회사가 1년에 100억 원의 매출을 올렸습니다. 이때 1인당 1억 원씩 매출을 올렸다고 생각한

다면 비현실적이고, 20명의 영업 사원이 80억 원의 매출을 올렸고 나머지 80명이 20억 원의 매출을 올렸다고 생각하는 것이 현실적입니다. 현실은 균형보다는 불균형으로 이루어집니다. 그러니 불균형으로 예측하는 생각이 현실적입니다.

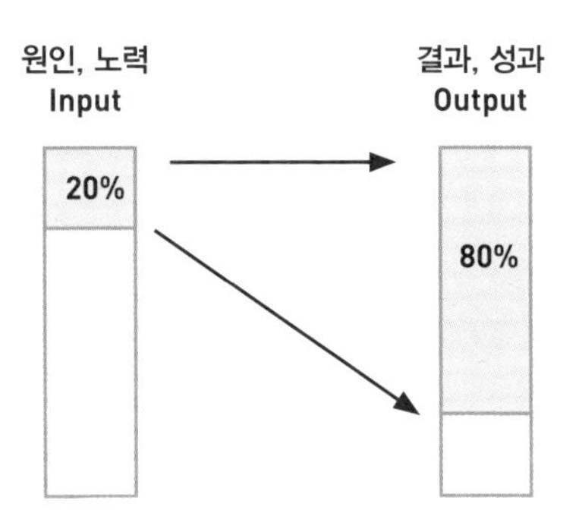

최근에는 가짜 뉴스, 인위적으로 만든 데이터를 찾아내는 데에도 벤포드의 법칙을 활용합니다. 미국 메릴랜드 대학교의 제니퍼 골벡(Jennifer Golbeck) 교수는 2015년 트위터 계정 2만 988개를 대상으로 친구의 친구 수를 조사했습니다. 그 결과 계정의 89.7%가 벤포드의 법칙을 따르고 있다는 것을 확인했습니다.

벤포드의 법칙에서 벗어난 계정 170개를 확인해보니 2개를 제외하고 나머지는 모두 이른바 '트위터봇'이라는 조작된 계정이었다고 합니다. 영상이나 이미지도 컴퓨터 내부에는 수로 저장됩니다. 그 수들도 벤포드의 법칙을 따릅니다. 하지만 포토샵 등으로 합성한 이미지는 벤포드의 법칙을 따르지 않습니다. 그렇게 합성된 이미지를 활용한 페이크 뉴스도 벤포드의 법칙을 활용해 걸러낼 수 있습니다.

내 맘대로 규칙

세상은 어떤 규칙과 질서를 따라 움직입니다. 우리도 각자 자신만의 규칙으로 살아갑니다. 하지만 내가 아는 규칙이 세상 모두에 통하지는 않습니다. 합리적이라고 여긴 나의 생각이 현실과 맞지 않을 수도 있습니다. 사회와 자연에는 우리가 파악하지 못한 또 다른 규칙이 있기 때문입니다. 이런 사실을 인정하기 위해 필요한 자세가 바로 '인지적 겸손'입니다. 인지적 겸손은 '아무리 합리적이라고 해도 내 생각이 전부가 아닐 수 있다. 아직 내가 모르는 또 다른 규칙과 질서가 있다'는 것을 인정하는 마음입니다.

$$1 + 4 = 5$$
$$2 + 5 = 12$$
$$3 + 6 = 21$$
$$8 + 11 = ?$$

위에 소개한 것은 연산 규칙을 찾는 문제입니다. 적당한 규칙을 찾아서 물음표에 들어갈 값을 내는 것이죠. 이 문제의 답으로는

40, 52, 96 이렇게 3개의 수가 많이 등장합니다.

첫 번째 답인 40은 첫 번째 식에서 나온 결괏값이 두 번째 식에 더해지는 과정이 반복되는 것으로 보았습니다. 그러면 다음과 같은 계산을 하게 됩니다.

$$1 + 4 = 5$$
$$(5 +)2 + 5 = 12$$
$$(12 +)3 + 6 = 21$$
$$(21 +)8 + 11 = 40$$

두 번째, 52라는 답은 식의 중간에 곱하기를 추가해서 나옵니다. 첫 번째 식에는 1을 곱하고, 두 번째 식에는 2를 곱하는 계산을 중간에 넣는 식으로 다음과 같이 계산합니다.

$$1 + 4(\times 1) = 5$$
$$2 + 5(\times 2) = 12$$
$$3 + 6(\times 3) = 21$$
$$8 + 11(\times 4) = 52$$

세 번째, 96이라는 답을 낸 사람은 이 문제의 전체적 규칙을 다음과 같은 식으로 생각합니다.

$$A + B = A + A \times B$$

이 관계 A=8, B=11을 넣으면 96이란 답을 얻습니다.

$$1 + 4 = 5$$
$$2 + 5 = 12$$
$$3 + 6 = 21$$
$$8 + 11 = 96$$

여러분은 3개의 값 중에서 어떤 것이 맞는 답이라고 생각하나요? 사실 소개한 세 가지 방식 모두 틀린 것은 없습니다. 다만, 시작하는 수가 1, 2, 3 그리고 8인 것으로 보아 중간에 4, 5, 6, 7이 생략되었다고 보는 것이 옳습니다. 첫 번째 방식과 두 번째 방식을 적용한다면 중간 과정을 모두 포함해 다음과 같이 나타낼 수 있습니다.

① 이전 결과를 더하는 방식

$$1 + 4 = 5$$
$$(5 +)2 + 5 = 12$$
$$(12 +)3 + 6 = 21$$
$$(21 +)4 + 7 = 32$$

$(32 +)5 + 8 = 45$

$(45 +)6 + 9 = 60$

$(60 +)7 + 10 = 77$

$(77 +)8 + 11 = 96$

② 곱하는 계산을 중간에 넣는 방식

$1 + 4(\times 1) = 5$

$2 + 5(\times 2) = 12$

$3 + 6(\times 3) = 21$

$4 + 7(\times 4) = 32$

$5 + 8(\times 5) = 45$

$6 + 9(\times 6) = 60$

$7 + 10(\times 7) = 77$

$8 + 11(\times 8) = 96$

결론적으로 이 문제는 앞선 식의 계산 결과를 다음 아래의 식에 더하여 쓰는 방식, 각각의 식에 해당하는 곱하기를 추가하는 방식, 그리고 $A+B=A+A\times B$의 관계로 연산을 파악하는 방식 등이 있지만 모두 같은 결과를 만듭니다. 세 가지 방식의 계산이 모두 같은 값을 만드는 것이 재미있습니다.

같은 문제를 보고도 우리는 이처럼 내 맘대로 규칙을 생각해냅니다. 하지만 세상은 꼭 내가 생각하는 규칙대로 되지는 않으니 조심해야겠지요. 다음과 같은 패턴을 살펴볼까요?

31	소수
331	소수
3,331	소수
33,331	소수
333,331	소수
3,333,331	소수
33,333,331	소수
333,333,331	소수가 아님
3,333,333,331	소수가 아님

…

이 형태로 이어지는 수는 이후 계속 소수가 아니다가, 열여덟 자리의 수 333,333,333,333,333,331이 되어서야 다시 소수입니다. 예상한 규칙이 적용되지 않지요. 이런 경우도 있습니다.

111	소수가 아님
1,111	소수가 아님
11,111	소수가 아님

111,111	소수가 아님
1,111,111	소수가 아님
11,111,111	소수가 아님
111,111,111	소수가 아님

…

이런 형태로 이어지는 수는 소수가 아닙니다. 그러다가 열아홉 자리의 수 1,111,111,111,111,111,111은 소수입니다.

어떤 규칙이 있는지 알 수 없습니다. 규칙적이고 질서가 있다는 것은 우리가 기존에 이해하고 있는 것임을 의미합니다. 하지만 이 세상에는 우리가 알고 있는 것보다 이해하지 못하는 새로운 것이 훨씬 더 많습니다.

새로운 것에 열린 마음

좋아하는 사례를 하나 소개하겠습니다.

"한 변의 길이가 1m인 정사각형 상자 안에 지름이 10cm인 음료수 캔을 넣어야 합니다. 상자 안에는 최대 몇 개가 들어갈까요?"

상하좌우 질서정연하게 넣으면 1m는 100cm이니까 10×10=100cm입니다. 따라서 100개를 넣을 수 있습니다.

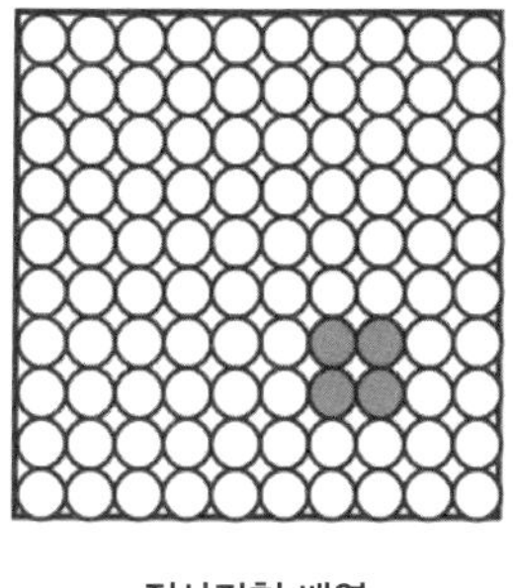

정사각형 배열

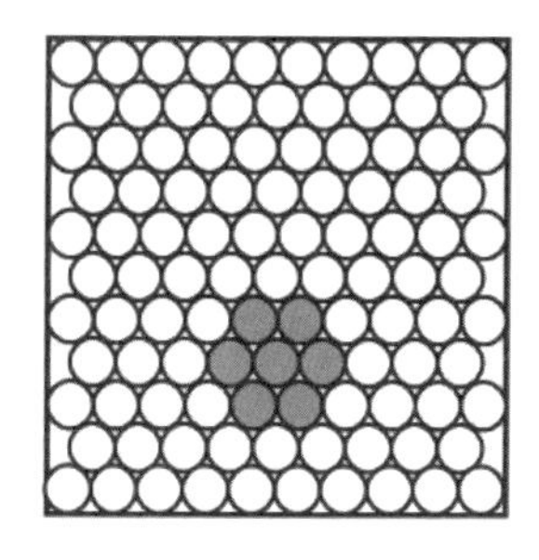

육각형 배열

하지만 캔을 정육각형의 벌집 모양으로 넣으면 100개보다 더 많은 캔을 넣을 수 있습니다. 정육각형 배열로 넣으면 10개짜리 6줄, 9개짜리 5줄로 105개(=10×6+9×5=60+45)를 넣을 수 있죠. 정사각형 배열보다 5개를 더 넣어서 포장하면, 같은 포장으로도 5% 더 많은 물건을 옮길 수 있습니다. 비즈니스에서 5%는 꽤 의미 있는 수입니다. 그렇다면 이 개수가 담을 수 있는 최대일까요?

괴짜이며 천재였던 수학자 헝가리 출신의 에르되시 팔(Erdös Pául)은 정사각형 모양과 정육각형 모양을 섞어 106개의 캔을 넣는 방법을 발견했습니다.

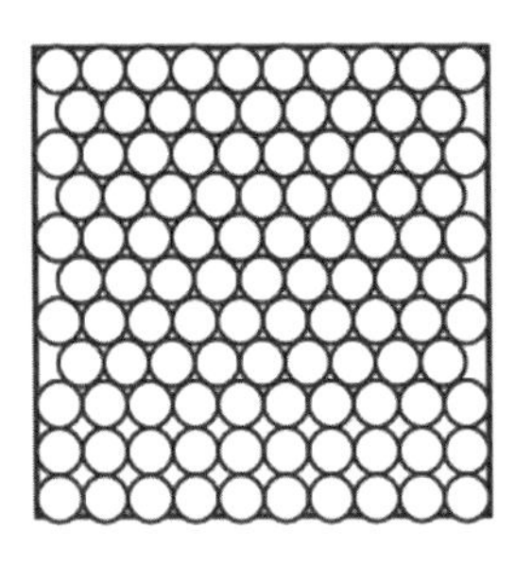

정사각형 배열로 30개, 정육각형 배열로 10개짜리 4줄, 9개짜리 4줄이니까 총 106개(=30+40+36)를 넣을 수 있습니다. 두 배열을 섞으면서 규칙성은 깨졌지만 처음의 정사각형 배열보다 6%나 더 많은 캔을 넣을 수 있게 되었습니다. 에르되시 팔은 "최선의 답은 항상 질서 정연하고 규칙적이지만은 않다"고 했습니다.

"0에서 15까지 16개 수를 두 묶음으로 나누고 싶습니다. 어떻게 나누면 가장 좋을까요?"

어느 날 동료가 묻길래 별생각 없이 짝수와 홀수로 나누어보라고 했습니다. 한참 수들을 들여다보며 궁리하던 그는 다음과 같이 나누겠다고 했습니다.

0, 3, 5, 6 9, 10, 12, 15	1, 2, 4, 7, 8 11, 13, 14

이유를 물었더니 다음과 같은 식을 보여주었습니다.

$$0^0+3^0+5^0+6^0+9^0+10^0+12^0+15^0=1^0+2^0+4^0+7^0+8^0+11^0+13^0+14^0$$

$$0^1+3^1+5^1+6^1+9^1+10^1+12^1+15^1=1^1+2^1+4^1+7^1+8^1+11^1+13^1+14^1$$

$$0^2+3^2+5^2+6^2+9^2+10^2+12^2+15^2=1^2+2^2+4^2+7^2+8^2+11^2+13^2+14^2$$

$$0^3+3^3+5^3+6^3+9^3+10^3+12^3+15^3=1^3+2^3+4^3+7^3+8^3+11^3+13^3+14^3$$

이 계산을 보고 저 역시 바로 고개를 끄덕였습니다. 그 수들 사이에 이런 새로운 규칙과 질서가 있는지 몰랐으니까요.

인지적 겸손을 마음에 지니고 있으면 굉장한 것을 볼 기회가 많아집니다. 지금까지 보지 못한 세상의 질서에 마음을 열어야 하는 이유입니다.

재미있는 비둘기집

07

짐작으로 구하는 답

세상에는 정확한 답이 없는 일도, 결론이 확실하지 않은 일도 너무나 많습니다. 그래서 논리적으로 완벽한 정답만을 추구하다가는 어떤 결론도 낼 수 없는 일들이 생기곤 합니다. 세상이 복잡한 이유이기도 합니다. 반대로 수학의 세계는 정확하고 답이 확실합니다. 그래서 수학을 좋아하는 사람도 있지요. 하지만 수학에 세계에서도 의외로 짐작이나 대략적인 추정을 통해 결론을 도출하는 경우가 많습니다.

이런 문제를 본 적이 있습니다.

“20만 명의 사람이 있다면, 그들 중에는 머리카락 수가 같은 사람이 반드시 있다는 것을 수학적으로 증명할 수 있습니다. 어떻게 증명할 수 있을까요?”

20만 명의 사람을 휘리릭 훑어보고 머리카락 수가 같은 사람을 딱 찾아서 “증명함!”이라고 외치는 것은 현실적으로 불가능합니다. 그럼 수학적으로는 이것을 어떻게 증명할 수 있을까요?

이 증명은 ‘비둘기집 원리’를 적용하면 어렵지 않습니다. 수학에 등장하는 대략과 추정, 짐작 과정. 재미있는 비둘기집 원리를 한번 살펴보겠습니다.

먼저 사람의 머리카락 수는 머리숱이 아무리 많은 사람이라도 10만 개를 넘지 않는다고 합니다. 이제 이렇게 생각해보겠습니다. 20만 명의 사람에게 자신의 머리카락과 같은 수의 번호표를 주겠습니다. 그럼 사람들은 1부터 10만 사이에 있는 번호표를 받게 됩니다. 머리카락이 없는 사람은 고려하지 않습니다.

이번에는 1부터 10만까지의 번호가 붙은 방을 만들어보겠습니다. 10만 개의 방이 있고 방문에는 1부터 10만까지의 번호가 각각 붙어 있습니다. 이제 사람들은 자신의 번호표에 해당하는 방을 찾아갑니다. 사람 수는 20만 명입니다. 방은 10만 개이고요. 10만 개의 방에 한 명씩 고르게 들어갔다고 해도 10만 명이 남습니다. 따라서 2명 이상의 사람이 동시에 들어가는 방은 반드시 생기게 되죠. 적어도 10만 명의 사람은 2명 이상이 있는 방에 들어가게 되는 셈입니다. 같은 방에 있는 사람은 머리카락 수가 같으므로 결론적으로 머리카락이 같은 사람이 적어도 10만 명은 된다는 것을 알 수 있습니다.

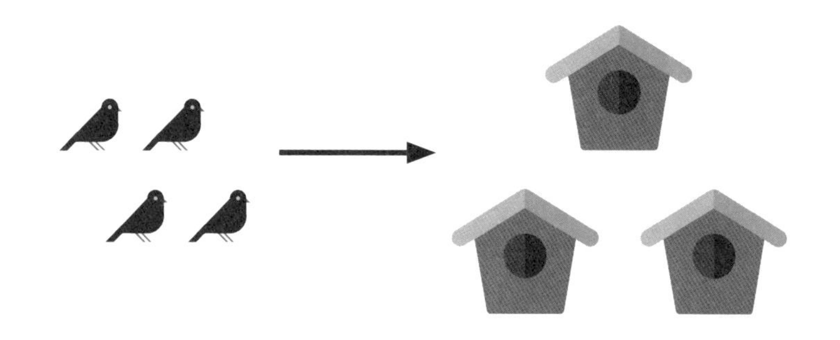

비둘기집 원리

위에 소개한 증명의 방법이 비둘기집 원리입니다. 직접적으로 증명하기 어려운 문제를 간접적으로 증명할 때 매우 유용하게 쓰입니다. 비둘기집 원리는 다음과 같습니다.

① 100마리 비둘기가 100개의 비둘기집에 들어갔습니다. 그때 빈집이 하나도 없다면 모든 비둘기집에는 1마리의 비둘기가 들어간 것입니다. 반대로 모든 비둘기집에

1마리의 비둘기만 들어갔다면, 빈집은 없습니다.

② 100마리 비둘기가 99개의 비둘기집에 모두 들어갔다면, 적어도 하나 이상의 비둘기집에는 2마리 이상의 비둘기가 들어가 있습니다.

비둘기집 원리를 처음 들으면 당연한 말처럼 들립니다. '뭐 이런 게 다 있어? 당연한 걸 가지고, 말장난하는 것 같아' 싶습니다. 하지만 앞에서 소개한 '머리카락 수가 같은 사람이 반드시 있다'와 같은 문제는 비둘기집 원리를 사용하지 않으면 증명이 거의 불가능합니다.

단순하지만 수학적으로는 매우 강력한 증명 도구입니다. 몇 가지 질문을 더 해보겠습니다

"옷장 서랍에 다섯 켤레의 검은 양말과 다섯 켤레의 흰 양말이 있습니다. 모두 스무 짝의 양말이 있는 셈이죠. 옷장 서랍을 열어 색을 보지 않고 양말을 꺼낼 때, 같은 색의 양말 한 켤레를 꺼내기 위해서는 최소 몇 짝의 양말을 꺼내야 할까요?"

어려운 질문은 아닙니다. 이 문제를 들으면 많은 사람이 11짝을 꺼내야 한다고 답합니다. 처음 꺼낸 양말이 흰색이고 다음에 꺼낸 양말이 검은색이고, 그다음 꺼낸 양말이 검은색이고, 최악의 경우

계속 검은색이 나오면 11짝의 양말을 꺼내봐야 한다고 생각하는 것이죠. 하지만 사실은 그렇지 않습니다. 꼭 처음에 꺼낸 색의 양말로 짝을 맞춰야 하는 것이 아니기 때문에 3짝만 꺼내면, 같은 색의 양말 한 켤레를 신을 수 있습니다.

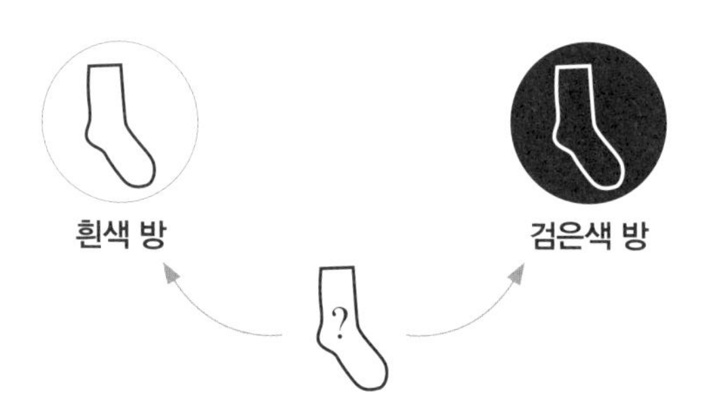

이것도 비둘기집의 원리로 생각해볼까요. 먼저 흰색 방과 검은색 방을 머릿속으로 만들어보는 겁니다. 그리고 임의로 꺼낸 양말을 같은 색의 방에 넣는 것이죠. 이렇게 생각하면 운이 나쁘게 처음 꺼낸 두 양말의 색깔이 달라 각각 다른 방에 들어가더라도 세 번째 꺼낸 양말이 둘 중 하나의 방으로 가기 때문에 어느 한쪽에는 같은 색의 양말 두 짝이 있다는 것을 알 수 있습니다.

"다음과 같이 한 변의 길이가 2인 정사각형 안에 동시에 5개의 점을 찍을 때, 두 점 사이의 거리가 $\sqrt{2}$보다 작은 어떤 두 점이 반드시 존재한다는 것을 증명하세요."

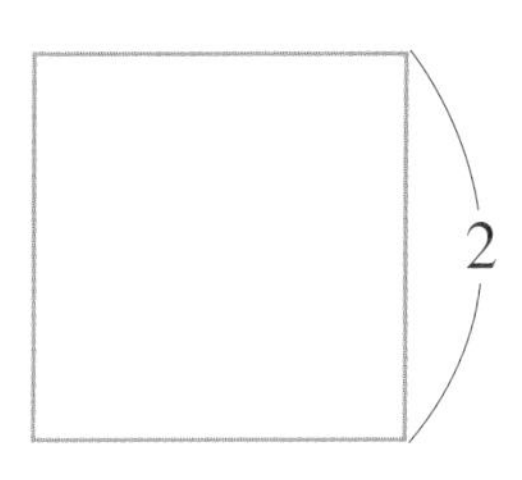

이 문제도 비둘기집의 원리를 적용하지 않으면 접근하기 어렵습니다. 비둘기집 원리로는 이렇게 생각할 수 있습니다. 먼저 정사각형을 아래 그림과 같이 네 부분으로 나눠볼까요? 4개로 나눠진 작은 정사각형의 한 변 길이는 1입니다.

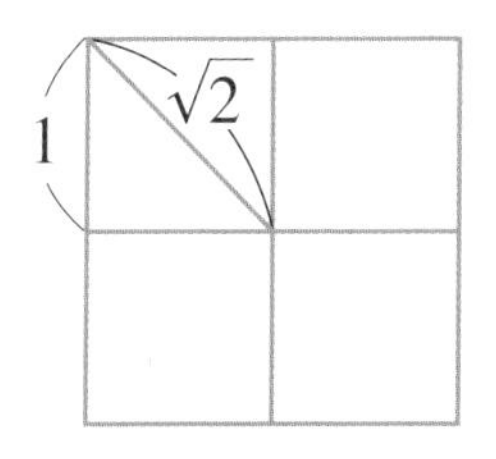

한 변 길이가 1인 작은 정사각형의 대각선 길이는 $\sqrt{2}$죠. 따라서 작은 정사각형 안에 있는 2개의 점은 거리가 $\sqrt{2}$보다 작습니다. 비둘기집의 원리를 생각해보면 작은 정사각형이 바로 비둘기집이라고 상상할 수 있습니다. 5개의 점을 찍는다면 적어도 2개는 같은 작은 정사각형 안에 찍히게 됩니다. 그리고 같은 작은 정사각형 안에 찍힌 두 점의 거리는 $\sqrt{2}$보다 작습니다.

간접적 추정

수학은 정확한 계산을 통해 정답을 찾는 과정으로만 이루어지지 않습니다. 직접 보여주기 어려운 것을 간접적으로 추정하며 답을 좁혀가는 방법은 실전 문제에 오히려 더 많이 적용됩니다. 문제를 하나 더 소개합니다.

"A와 B가 모두 무리수이고, A^B은 유리수가 됩니다.
이를 만족하는 무리수 A, B가 존재할까요?"

이 문제는 증명하는 과정을 살펴보는 것만으로도 인지적 재미를 느낄 수 있습니다. 아래의 증명을 한번 보시죠.

먼저 $A = B = \sqrt{2}$인 경우를 생각해보겠습니다. 이 경우 $A^B = \sqrt{2}^{\sqrt{2}}$가 유리수이면 증명이 끝납니다. A와 B가 모두 무리수인데, A^B는 유리수가 되는 경우를 찾았으니까요.

만약 $A^B = \sqrt{2}^{\sqrt{2}}$가 유리수가 아니라면 이것은 무리수입니다. 이 때에는 다음과 같은 2개의 무리수를 추가하여 생각해봅니다.

$C = \sqrt{2}^{\sqrt{2}}$, $B = \sqrt{2}$ 이 둘은 무리수입니다. 그런데 $C^B = (\sqrt{2}^{\sqrt{2}})^{\sqrt{2}} = \sqrt{2}^{\sqrt{2} \times \sqrt{2}} = \sqrt{2}^2 = 2$입니다. 계산을 통해, 이것은 C와 B가 모두 무리수인데, C^B는 유리수가 된다는 것을 알 수 있습니다.

이 문제에서 우리는 $\sqrt{2}^{\sqrt{2}}$가 유리수인지 무리수인지 알지 못합니다. 하지만 문제를 해결하는 과정에서 유리수인 경우와 무리수인 경우를 사용했습니다. 확실하지는 않지만 논리 과정에서 사용하는 것은 문제가 되지 않지요.

대략적 계산

정확한 계산보다 대략적 추정으로 빠르게 생각할 수 있다면, 추정도 문제를 해결하는 좋은 방법입니다. 원의 넓이에 대해 생각해 볼까요?

반지름이 r인 원의 둘레가 $S=2\pi r$이라는 공식을 기억하시나요? 이 공식은 계산으로 얻은 값이라기보다는 관찰의 결과입니다. 지름과 원둘레의 비는 항상 일정한 값이 나옵니다. 우리는 그것을 π라 부릅니다. 그럼 원의 면적이 $A=\pi r^2$이라는 공식도 기억하시나요? 원둘레가 $S=2\pi r$이라는 결과를 이용해 우리는 원의 면적 $A=\pi r^2$을 증명할 수 있습니다.

먼저 반지름이 r인 원을 세워서 양파 자르듯 자르는 겁니다. 그리고 그것을 한 줄로 세웁니다.

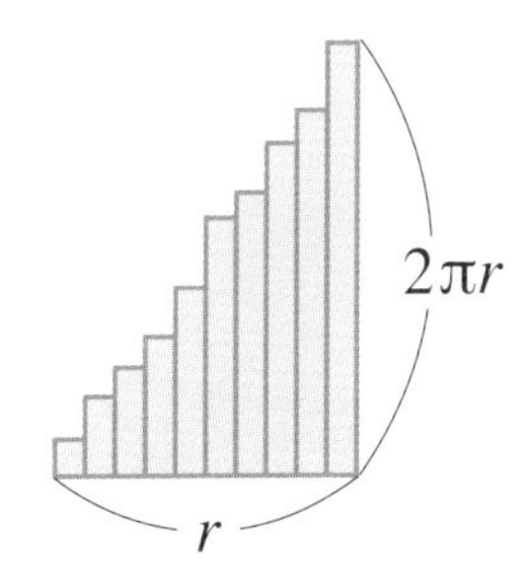

바깥의 가장 긴 것을 오른쪽 끝에 세우고 안쪽의 가장 짧은 막대기를 가장 왼쪽에 세웁니다. 위의 그림처럼 반지름이 r인 원을 잘라 한 줄로 세우면 밑면은 r이고 가장 바깥쪽 막대기의 길이는 $2\pi r$인 삼각형과 비슷한 모양의 막대기들을 생각할 수 있습니다. 원둘레가 $2\pi r$이기 때문에 가장 바깥쪽 막대기의 길이는 $2\pi r$가 됩니다. 그런데 자르는 폭을 아주 작게 하면 막대기들을 붙인 모습은 삼각형과 더욱 더 비슷한 모습이 되어갑니다. 추정해보면, 원의 단면을 무한히 작게 잘라서 만들어지는 오른쪽 삼각형은 다음과 같이 생각할 수 있습니다. 따라서 삼각형의 면적은 $A=\pi r^2$이고, 이것은 원을 잘라 붙여서 만든 것이기 때문에 원의 면적도 $A=\pi r^2$라고 할 수 있습니다.

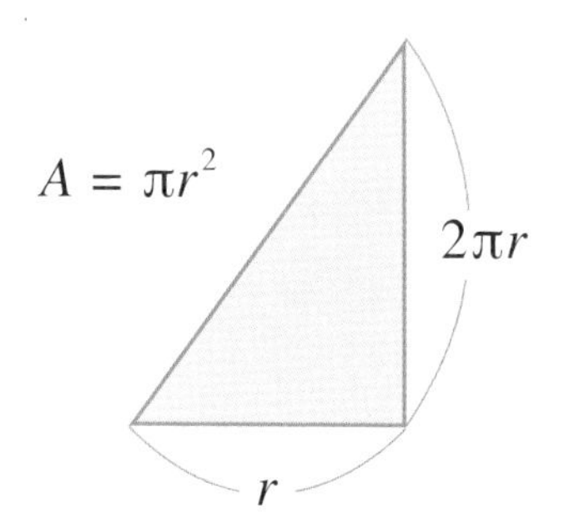

사람들은 확실한 답을 좋아합니다. 특히 수학에서는 빈틈없는 계산이나 논리, 그 결과를 예상하죠. 하지만 대충 짐작해보는 방법도 매우 쓸모 있는 생각의 기술입니다. 원의 면적을 계산한 것처럼 말이죠.

앞의 예와 같이 '무한히 작은 것을 무시하는 방법'으로 미분과 적분이 탄생했습니다. 아주 작은 값을 대략 0이라고 보는 겁니다. 미분과 적분이 처음 생겼을 때 많은 수학자가 미분과 적분은 수학이 아니라고 거부했습니다. '대략'이라는 개념을 받아들일 수 없었던 것이죠. 사실 이와 같은 방법으로 원의 면적을 추정하는 것은 아르키메데스처럼 2,000년 전의 사람들도 사용한 방법입니다. 하지만 무한히 작은 것에 대해 대략 0이라고 정하는 개념을 거부했기 때문에 1,500년간 미적분을 발견하지 못한 겁니다. 뉴턴이나 라이프니츠는 대략적으로 0으로 간다는 극한의 개념을 활용해 많은 가설을 효과적으로 증명해냈고, 더 많은 개념을 발견하며 수학에서 가장 중요한 미분과 적분의 개념이 탄생했습니다.

컴퓨터를 사용하기 시작하면서 요즘은 추상적인 개념을 대략적인 수로 추정하기도 합니다. 가령, 0^0의 값은 무엇일까요? 0^0은 개념적으로 1이라고 봅니다. $0.9^{0.9}$, $0.8^{0.8}$, $0.5^{0.5}$, $0.2^{0.2}$, $0.1^{0.1}$ 등의 값을 넣어보며 추정해보는 거죠.

$$0.9^{0.9} = 0.9095$$
$$0.8^{0.8} = 0.8365$$
$$0.5^{0.5} = 0.7071$$

$$0.2^{0.2} = 0.7248$$
$$0.1^{0.1} = 0.7943$$
$$0.01^{0.01} = 0.9550$$
$$0.001^{0.001} = 0.9931$$

0^0의 값을 계산하기 위해 A^A에서 A의 자리에 0.1, 0.01, 0.001과 같은 아주 작은 값을 대입해보면 값이 작아질수록 A^A이 1에 가까워지는 것을 볼 수 있습니다.

$$0^0 = 1$$

어림짐작의 힘

수학에는 어울리지 않지만 대충, 어림짐작, 이런 추상적 개념이 결과를 빠르고 편하게 도출합니다. 물론 어림짐작으로 얻은 값을 모두 믿을 수는 없지만, 빠르고 편한 만큼 활용도가 높습니다. 예를 들어, 주식을 하면서 확실한 결과를 알아야 투자하겠다고 하면 높은 수익률은 기대하기 어렵지요. 대략적인 접근으로 한발 빠르게 생각하고 대응하는 방식이 필요합니다.

모든 것이 명확해지고 불확실성이 없어지면 기회도 없어지는 것 아닐까요? 모든 기회는 불확실함 안에 있습니다. 불확실한 상황에서 남들보다 빠르게 결론을 추론해야 합니다.

인간의 두뇌는 대략적으로 움직이는 데 최적화되어 있습니다. 가령 인테리어 공사를 할 때 의뢰인이 원하는 공사를 대략 말하면 듣고 있던 사장님이 한번 쭉 보고 "음, 3,000만 원 정도 들겠습니다"라고 합니다. 그리고 나중에 하나하나 구체적인 견적을 받아보면 비슷한 가격이 나옵니다. 그 일에 익숙한 사람은 대략적인 추정의 훈련이 매우 잘되어 있는 것이죠. 인공지능은 갖지 못하는 능력입니다. 다음의 글을 한번 읽어보시죠.

이말거고 지처금럼 네짜글씩 순바서꿔 써돼도요

이하상게 한인국은 읽수을가 있든거요

이역거시 번기역론 안와나요

재있미는 훈정민음 세대종왕 만세만다

인터넷에서 우연히 본 글입니다. 맞지 않는 문장이지만 우리는 자연스럽게 의미를 파악할 수 있습니다. 인공지능은 절대 읽지 못하겠죠. 대략적인 추정을 하며 두뇌는 효율을 극대화합니다. 확실하고 정확한 것만 의미 있는 건 아니라는 사실을 기억할 필요가 있습니다.

5,000년 전의 계산법

08

위치 기수법

수학의 발전에 가장 큰 역할을 한 이론은 무엇일까요?

'피타고라스의 정리' '대수방정식의 풀이' '미분과 적분에 관한 이론' 등 중요한 수학 이론들이 떠오르지만 토너먼트로 하나씩 제거하고 남은 단 하나는 숫자였습니다. 만약 숫자가 없었다면 수학이라는 학문이 있었을까요? 어쩌면 수학의 발전에 가장 큰 역할을 한 것은 10개의 아라비아숫자 0, 1, 2, 3, 4, 5, 6, 7, 8, 9 와 그를 표기하는 십진법이 아닐까 생각합니다.

우리는 너무나 일상적으로 사용하고 있어서 느끼지 못하지만,

아라비아숫자를 사용하는 방법인 위치 기수법(位置 記數法)은 대단히 잘 고안된 수의 표기법입니다. (기수법 : 임의의 수를 아라비아숫자를 사용해 표현하는 방법. 일반적으로 유한개의 기호를 사용해 수를 표현하는 방법이며, 오늘날은 주로 십진 기수법을 사용하고 있다. 위치 기수법은 기수법의 한 종류이며, 자릿수와 관계없이 같은 기호를 쓰는 것이 특징이다.)

위치 기수법에서는 수가 쓰인 위치가 그 수의 값을 정합니다. 예를 들어 다음과 같습니다.

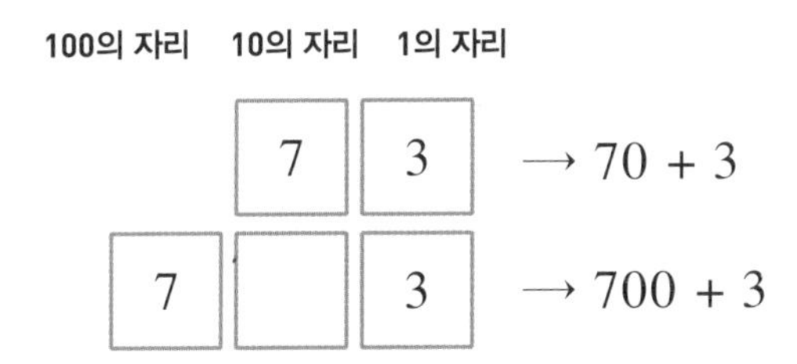

10의 자리에 쓰인 7은 70이 되고, 100의 자리에 쓰인 7은 700의 값을 갖습니다. 0이 발견되기 전에도 이런 식으로 수를 표기하는 아이디어는 있었지만, 자리를 정확하게 표현해 쓰지 않으면 혼동이 생기고, 많은 실수를 유발했습니다. 하지만 0을 발견하고 사용하면서 아라비아숫자의 위치 기수법은 완벽한 형태를 띠게 되었습니다. 위와 같이 굳이 표를 만들 듯 어렵게 수를 표현하지 않아도 단순하게 다음과 같이 사용하게 되었죠.

73 703

로마 사람들이 사용한 I, II, III, IV, V, VI, VII, VIII, IX, X와 같은 로마숫자는 가법적 기수법(加法的 記數法)을 선택했습니다. 가법적 기수법에서는 위치가 값을 갖는 것이 아니라, 쓰여진 숫자의 합이 바로 그 수가 됩니다.

0, 1, 2, 3, 4, 5, 6, 7, 8, 9를 사용해 가법적 기수법으로 표현해 보겠습니다.

7과 3을 연속해 73이라고 쓰면 7+3이 되어 10을 의미합니다. 75라고 쓰면 7+5라는 의미로 12가 되지요. 실제 로마숫자를 이용해, XVII이라고 표기하면 10+5+2으로 그 값은 17이 됩니다.

우리가 지금 사용하는 아라비아숫자를 이용한 위치 기수법과 비교하면 고대 로마나 그리스의 숫자 표기법은 매우 복잡했습니다. 덧셈과 뺄셈은 쉽게 할 수 있었지만, 곱셈과 나눗셈을 하기엔 너무 복잡해서 주판을 활용해야 계산이 가능했습니다.

유럽에서 아라비아숫자를 널리 사용하기 시작한 17세기에는 수학과 과학도 폭발적으로 발전했습니다. 거기에는 아라비아숫자를 활용한 수 표기법이 큰 역할을 했습니다.

고대 이집트의 곱셈

우리처럼 위치 기수법을 사용하지 않았던 옛날 사람들은 어떻게 곱하기와 나누기를 했을까요. 기원전 1650년경에 발견된 고대 이집트의 파피루스에는 당시 사람들의 계산법이 소개되어 있습니다. 3,600년 전 고대 이집트의 곱셈을 살펴보겠습니다.

12×13을 계산하는 방법은 다음과 같습니다.

12와 13을 나란히 쓰고, 12는 반으로 나눠서 써 내려가고, 반대로 13은 2배씩 늘려서 써 내려갑니다. 12를 반으로 나눈 것을 또 반으로 나누고, 13은 2배한 것을 다시 한 번 2배하는 식입니다. 반으로 나누는 과정에서 나머지가 생기면 나머지는 버립니다. 이 과정을 1이 나올 때까지 반복합니다.

12를 반으로 나누어간다.
나머지는 버리고
1이 나올 때까지.

12	× 13
6	26
3	52
1	104

13을 2배씩 늘려간다.

이렇게 전개한 이후에는 왼쪽 항이 짝수인 줄은 모두 지웁니다. 그리고 오른쪽 항에 남은 수를 모두 더하면 우리가 원하는 곱하기의 값을 얻을 수 있습니다.

~~12 × 13~~

~~6 26~~

3 52

1 104

---

12 × 13 = 52 + 104 = 156

이 계산이 올바른지 확인하기 위해서 13×12도 계산해보겠습니다. 12×13=13×12니까, 앞에서와 같이 13×12=156이 나와야 합니다. 같은 방법으로 계산해보겠습니다.

13 × 12

6 24

3 48

1 96

앞에서 이야기한 것처럼 왼쪽 항에 짝수가 있는 줄은 지웁니다. 그리고 나머지 오른쪽 항에 남은 수를 모두 더하면 그것이 곱셈의 결과입니다.

13 × 12

~~6 24~~

$$\begin{array}{cc} 3 & 48 \\ 1 & 96 \\ \hline \end{array}$$

$$13 \times 12 = 12 + 48 + 96 = 156$$

오른쪽 항에 있는 수를 모두 더하면 $13 \times 12 = 12 + 48 + 96 = 156$입니다.

지금의 우리는 13×12를 다음과 같이 계산합니다.

$$\begin{array}{r} 13 \\ \times\ 12 \\ \hline 26 \\ 13\ \ \\ \hline 156 \end{array}$$

이런 방법으로 $13 \times 12 = 156$이라는 것을 쉽게 알 수 있죠. 그런데 이것은 위치 기수법을 사용하는 우리 시스템에 맞게 매우 잘 고안한 방법입니다. 우리는 너무 당연하게 사용하지만, 이 방법이 없던 당시에는 상상할 수 없던 방식이죠.

계산을 하나 더 해보겠습니다. 15×24를 해볼까요?

15를 반으로 나누어간다
나머지는 버리고
1이 나올 때까지.

15 × 24	
7	48
3	96
1	192

24를 2배씩 늘려간다.

이렇게 전개해 쓰고 왼쪽 항에 짝수가 있는 줄은 지웁니다. 그리고 오른쪽 항의 수를 모두 더하면 그것이 곱셈의 결과입니다. 이번 계산에서는 왼쪽 항에 짝수가 없으니까, 오른쪽 항의 수들을 모두 더하면 되겠네요.

15 × 24	
7	48
3	96
1	192

$$15 \times 24 = 24 + 48 + 96 + 192 = 360$$

이 계산이 올바로 된 것인지 확인하기 위해 24×15도 한번 해보겠습니다. 15×24 =24×15이므로 같은 결과가 나와야겠죠.

24 × 15	
12	30

6　60

3　120

1　240

이렇게 전개하고 왼쪽 항에 짝수가 있는 줄은 지웁니다. 그리고 나머지 오른쪽 항의 수를 모두 더합니다.

~~24 × 15~~

~~12　30~~

~~6　60~~

3　120

1　240

$$24 \times 15 = 120 + 240 = 360$$

고대 이집트의 곱셈은, 결국 왼쪽 항의 수를 이진법으로 표현해 곱하는 방식입니다. 가령 12×13에서 12는 이진법으로 다음과 같이 표현합니다.

$$12 = 4 + 8$$

$$12 = 0 \times 1 + 0 \times 2 + 1 \times 2^2 + 1 \times 2^3$$

오른쪽의 13을 2배씩 늘려나간 것은 2, 2^2, 2^3 …을 곱하는 것입니다. 12를 반씩 나눈 값이 짝수라는 것은 이진법으로 표현했을 때 0이 곱해지는 것이고, 홀수라는 것은 1이 곱해지는 것으로 생각할 수 있습니다. 그래서 짝수인 줄은 지우고 홀수인 줄만 더한 것입니다.

고대 이집트인이 이진법을 알고 이런 방법을 고안한 것인지, 아니면 많은 시행착오를 반복하면서 결과적으로 옳은 계산법을 발견해 사용했는지는 알 수 없습니다. 아무튼 3,600년 전의 계산 방식이 놀랍고 재미있습니다.

고대 이집트의 나눗셈

고대 이집트의 나눗셈도 한번 보겠습니다. 예를 들어 50÷3을 계산해볼까요?

이 계산을 위해 고대 이집트인은 다음과 같이 썼습니다. 오른쪽 맨 위 항의 3을 기준으로 해서.

1조각 = 3

10조각 = 30

6조각 = 18

$\frac{2}{3}$조각 = 2

왼쪽 둘째, 셋째, 넷째 줄을 모두 더하면 다음과 같은 결론을 얻을 수 있습니다.

$$\left(16 + \frac{2}{3}\right)\text{조각} = 50$$

따라서 $50 \div 3 = 16 + \frac{2}{3}$입니다. 가령 $60 \div 15$라면, 1조각을 15라고 했을 때, 60은 몇 조각인지를 찾는 겁니다. 다음과 같이 써가면서요.

1조각 = 15

2조각 = 30

4조각 = 60

따라서 $60 \div 15 = 4$라는 결론을 얻게 됩니다. '주어진 수에 나누는 수가 몇 개 들어있는가?'라고 생각하며 순차적으로 계산하며 찾았던 것이죠.

곱하기와 마찬가지로 지금 우리는 $50 \div 3$도 쉽게 계산할 수 있습니다.

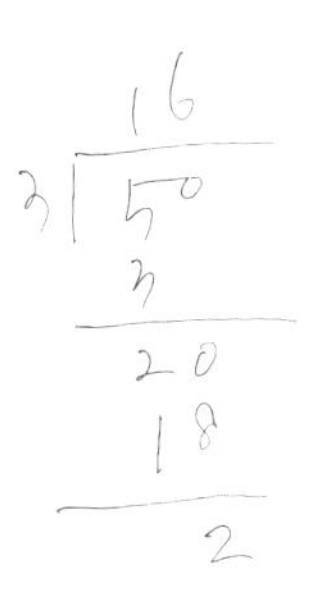

이런 계산으로 $50 \div 3 = 16 + \frac{2}{3}$라는 결론을 얻습니다. 하지만 이런 계산법도 매우 정교하게 잘 만든 방법이라는 것을 기억하기 바랍니다. 이렇게 잘 만든 계산법을 사용한 것도 사실 얼마 되지 않았습니다.

그러니 놀라운 수학 이론의 발견이나 연구를 통해 새로운 개념을 만들어내는 것보다 지금과 같은 사칙연산 방법을 고안해 누구나 계산을 쉽게 할 수 있도록 만든 사람이 진짜 수학의 발전에 기여한 인물입니다. 물론 이 방식은 어느 한 명의 천재가 고안한 것이 아니라 많은 시간, 많은 사람에 의해 사용되고 수정되며 완성된 것이지만요.

그림 계산법

재미있는 계산 방법을 하나 더 소개합니다. 다음과 같이 그림으로도 계산할 수 있습니다. 예를 들어 $12 \times 13 = 156$을 계산해보겠습니다. 일단 다음과 같이 12를 10의 자리와 1의 자리로 구분해서 서로 다른 색의 선으로 표현합니다. 이번에는 13을 같은 방법으로 표현하되, 반대 방향으로 그립니다.

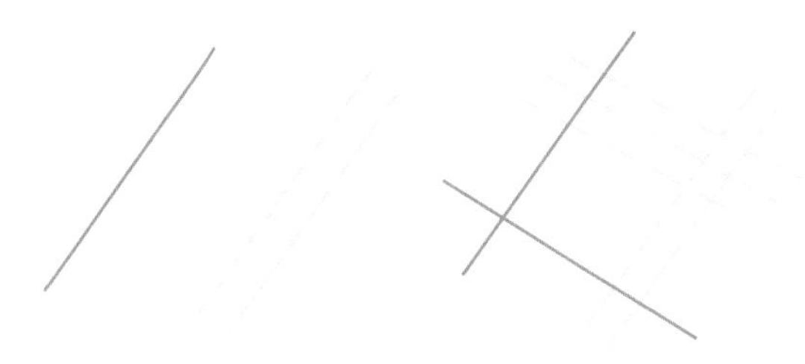

이렇게 그려보면, 다음과 같이 두 선이 만나는 점들이 생깁니다. 진한 선 2개가 만나는 점의 개수는 100의 자리, 진한 선과 흐린 선이 만나는 점의 개수는 10의 자리, 그리고 흐린 선 2개가 만나는 점의 개수는 1의 자리가 됩니다. 이제 점의 수를 세어보면, 12×13=156이라는 답을 얻을 수 있습니다.

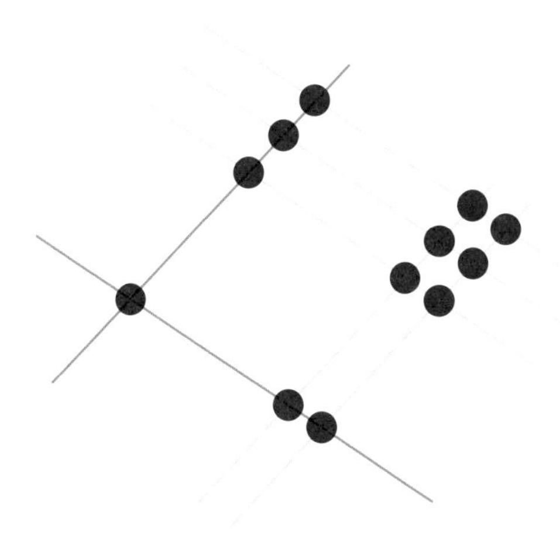

상상해본 적도 없는 재미있는 계산법입니다. 우리는 재미로 이 계산법을 살펴보고 있지만, 당시에는 이런 계산을 관심있다고 누구나 배울 수 있는 것이 아니었습니다. 고대 이집트의 계산법에서 알 수 있듯이 옛날에는 곱셈도, 나눗셈도 너무나 어려운 학문이었기에 곱셈을 배우기 위해 다른 지역으로 유학을 가기도 했습니다.

고대 이집트와 달리 고대 그리스에서 사용하던 또 다른 방식의 곱셈법이 있습니다.

고대 그리스의 곱셈

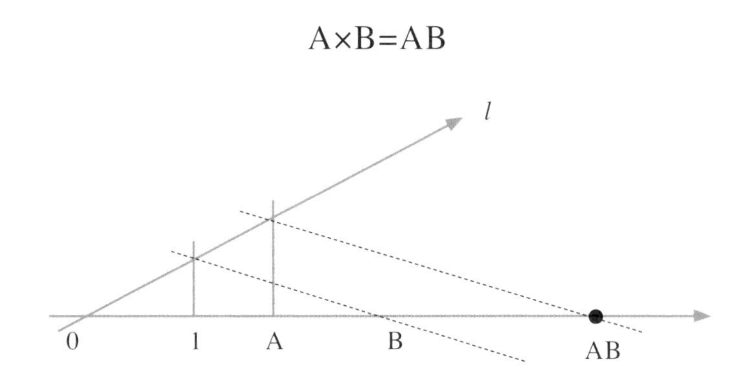

① A와 B을 곱한 값을 찾기 위해서는 먼저 수직선에 A와 B를 표시합니다.

② 0을 지나는 하나의 직선 l을 긋고, 그 직선을 향해 1과 A에서

선을 긋습니다.

③ 직선 l과 1이 만나는 점에서 B로 선을 긋습니다.

④ A에서 직선 l에 수직으로 올린 점을 지나며 ③번에서 그은 선과 평행한 선을 긋습니다.

⑤ 그 선이 수직선과 만나는 점이 A×B=AB입니다.

삼각형의 비율로 따져보면 위에서 찾은 AB점이 A×B=AB임을 알 수 있습니다. 하지만 왜 이렇게까지 복잡하게 계산을 했을까요? 고대 그리스의 수학은 기하학이었습니다. 대수학은 기원후에 발전하기 시작했고, 기원전 고대 그리스의 수학은 기하학이었기 때문에 자와 컴퍼스를 이용해 이렇게 작도(자와 컴퍼스만을 사용해 주어진 조건에 알맞은 선이나 도형을 그리는 것)라는 방식으로 곱하기를 하는 것이 더 익숙했을지 모릅니다. 작도를 활용한 곱셈이라니 재미있지 않습니까?

우리는 쉽게 덧셈과 뺄셈, 곱셈과 나눗셈을 합니다. 어려움 없이 복잡한 수식을 계산하기도 합니다. 이런 계산이 자연스럽다고 느끼지만 사실은 그렇지 않습니다. 지금의 우리는 인류가 오랜 시간 다양한 시행착오를 거치면서 알아낸 가장 쉽고 효과적인 방법을 사용하며 살아갑니다. 이런 계산 방법이 없었던 시대를 살던 옛날 사람들에게 수학은 매우 어렵고 힘든 학문이었습니다.

Lucky 7이 되기까지

09

사람들이 가장 좋아한다고 알려진 수는 'Lucky 7'입니다. 그런데 7이 행운의 수가 된 이유는 무엇일까요? 바로 야구 때문입니다.

1800년대에 시작된 미국 메이저 리그(MLB)에서 7회에 유독 점수가 많이 나오자 관중들이 'Lucky 7'이라는 말을 쓰기 시작했습니다. 그러던 1885년 9월 30일, 그날의 야구 경기 7회, 시카고 화이트삭스의 공격이 시작되자 갑자기 강풍이 불기 시작했습니다. 거센 바람 덕분에 평범한 외야 플라이는 홈런이 되었고, 화이트삭스는 승리했습니다. 그리고 그날의 행운이 널리 회자되면서 사람들은 'Lucky 7'이라는 말을 유행처럼 쓰게 되었다고 합니다.

우리나라는 어떨까요? 한국 프로야구 리그(KBO)에는 '약속의 8회'라는 말이 있습니다. 예전 삼성 라이온즈에서 이승엽 선수가 활약하던 당시, 그는 8회에 나와 홈런을 치면서 승부를 뒤집은 경우가 많았다고 합니다. 덕분에 우리나라 야구 팬들에게는 '약속의 8회'라는 말이 유행하게 되었다고 합니다.

'Lucky 7'보다 8을 더 좋아하는 사람들도 있습니다. 바로 중국인이죠. 중국어로는 숫자 8과 '돈을 많이 번다'는 글자의 발음이 비슷해 8을 좋아한다고 합니다. 같은 이유로 죽음을 의미하는 글자 사(死)와 발음이 같은 숫자 4를 싫어하기도 합니다. 중국인들의 숫자 8을 향한 사랑은 정말 유별나서 자동차 번호판도 8이 들어가면 좋아하고, 전화번호에도 8이 들어가는 것을 좋아합니다. 그래서 '8888'이라는 자동차 번호가 경매에서 몇억 원에 거래되었다는 소식이 뉴스로 전해지기도 합니다.

2008 베이징 올림픽 개막 시간

2008년에 개최한 중국 베이징 올림픽도 2008년 8월 8일 8시 8분 8초에 맞추어 시작했습니다. 중국인의 숫자 8을 향한 대단한 사랑을 보여준 유명한 일화입니다.

8이 수의 중심이라는 이유로 좋아하는 사람도 있습니다. 무슨 말일까요? 9개의 아라비아숫자를 나열해 만든 123,456,789이라는 수를 거꾸로 쓰면 987,654,321이 됩니다. 이 두 수의 비율은 대략 1:8 정도가 됩니다.

$$\frac{987,654,321}{123,456,789} = 8.0000000729\cdots$$

아라비아숫자 9개의 균형을 잡는 것도 8입니다. 좀 억지스러운가요? 이런 계산은 어떻습니까.

$$123,456,789 \times 8 + 9 = 987,654,321$$

9개의 아라비아숫자는 8에 의해 위와 같은 대칭을 이룹니다. 이런 대칭은 신기하면서 흥미롭습니다.

천천히 몇 가지 계산을 해보면 다음과 같은 패턴도 확인할 수 있습니다.

$$1 \times 8 + 1 = 9$$
$$12 \times 8 + 2 = 98$$
$$123 \times 8 + 3 = 987$$

이렇게 쓰다 보면 8을 곱하는 것으로 만들어지는 패턴이 눈에 보이기 시작합니다. 8이라는 수가 가진 재미있는 능력입니다.

$$1 \times 8 + 1 = 9$$
$$12 \times 8 + 2 = 98$$
$$123 \times 8 + 3 = 987$$
$$1{,}234 \times 8 + 4 = 9{,}876$$
$$12{,}345 \times 8 + 5 = 98{,}765$$
$$123{,}456 \times 8 + 6 = 987{,}654$$
$$1{,}234{,}567 \times 8 + 7 = 9{,}876{,}543$$
$$12{,}345{,}678 \times 8 + 8 = 98{,}765{,}432$$
$$123{,}456{,}789 \times 8 + 9 = 987{,}654{,}321$$

8이 만들어내는 수의 패턴이 하나 더 있습니다. 987,654,321에서 다음과 같이 마지막 자리의 1을 뺀 수에 9를 곱하는 겁니다. 다음 결과를 계산기로 확인해보시죠.

$$98{,}765{,}432 \times 9 = 888{,}888{,}888$$

1을 뺀 수에 9로 곱하여 위와 같은 계산을 했다면 이번에는 8을 뺀 수에 9를 곱해보세요. 그러면 다음과 같은 답이 만들어집니다.

$$12{,}345{,}679 \times 9 = 111{,}111{,}111$$

사람들이 가장 좋아하는 수

이것저것 설명해보아도 역시 우리에게 가장 익숙한 수는 7입니다. 7이라는 수는 왜 이토록 친숙할까요?

옛날 바빌로니아 사람들이 처음으로 하늘을 관찰하기 시작했을 때 맨눈으로 볼 수 있었던 것은 태양(日), 달(月), 화성(火), 수성(水), 목성(木), 금성(金), 토성(土), 이렇게 7개의 별이었다고 합니다. 그래서 일주일은 7일이 되었습니다. 이후 자연의 패턴에는 신비한 대응이 있을 거라고 생각한 사람들은 음악에도 7을 대응시켜서 '도레미파솔라시'라는 음계를 만들었습니다. 그리고 이것은 후에 무지개의 색으로도 이어집니다.

1668년 스물네 살이었던 뉴턴은 케임브리지 대학 실험실에서 벽에 난 조그만 구멍을 통해 들어온 빛을 프리즘으로 반대편 벽에 비추어보았습니다. 프리즘을 통해 나타난 빛은 다양한 무지개 색깔이었죠. 세상은 하나의 원리로 통합된다는 믿음을 갖고 있던 뉴턴은 무지갯빛을 보면서 음악의 도레미파솔라시를 떠올렸습니다. 그리고 그것을 프리즘을 통과한 빛에 대입해 '빨주노초파남보'라는 일곱 가지 색을 생각하고 연결했습니다. 사실 무지개를 보면 거기에 나타나는 색들은 정확한 경계가 없습니다. 무지개가 일곱 가지 색깔이 된 것은 귀로 듣는 것과 눈으로 보는 것에 연관성이 있을 거라는 뉴턴의 믿음 때문이었습니다. 그는 그 믿음을 자신의 책에 써서 발표했고, 덕분에 오늘날까지 어린이들은 무지개의 일곱 가지 색을 이야기하게 된 것입니다.

태양계의 행성들. ©NASA

이렇게 시간이 흐를수록 7은 사람들에게 점점 익숙한 수가 되었습니다. 이후 발달한 학문인 심리학에서도 일곱 가지를 기억하게 하고, 마케팅에서도 일곱 가지 판매 방식을 제시하게 됩니다. 책에서도《성공하는 사람들의 7가지 습관》처럼 중요한 내용을 일곱 가지로 정리하며 사람들이 기억하기 쉽도록 만들었습니다. 7이라는 수는 누구에게나 익숙하기에 마케팅에서도 효과를 거두었죠.

옛날 사람들이 맨눈으로 하늘을 보며 발견한 별의 개수가 지금 우리의 삶에까지 이어져 '경로 의존성'의 가장 오래된 사례가 되었습니다. 무엇이든 한번 자리를 잡으면 그 경로를 벗어나기가 쉽지 않습니다.

사실 7은 자신만의 특별한 성질을 가지고 있기도 합니다. 다음의 계산을 보시죠.

$$1{,}000{,}000{,}001 \div 7 = 142{,}857{,}143$$

1과 0으로만 이루어진 수 1,000,000,001이 7로 나눠 떨어진다는 것이 놀랍습니다. 1,000,000,001은 1과 1 사이에 0이 8개 들어 있습니다. 7과 8에 관한 이야기를 하고 있었는데, 우연이네요. 사실 이 나눗셈에는 특별한 패턴이 있습니다. 먼저 1을 7로 나눈 값은 이렇습니다.

$$\frac{1}{7} = 0.142857142857\cdots$$

6개의 수가 계속 반복됩니다. 여기에서 맨 앞자리 6개의 수 142,857을 떼어서 살펴보면 다음과 같은 패턴이 있습니다.

$$142{,}857 \times 1 = 142{,}857$$
$$142{,}857 \times 2 = 285{,}714$$
$$142{,}857 \times 3 = 428{,}571$$
$$142{,}857 \times 4 = 571{,}428$$
$$142{,}857 \times 5 = 714{,}285$$
$$142{,}857 \times 6 = 857{,}142$$

142,857에 2에서 6까지의 수를 차례로 곱하면 회전문이 돌아가듯이 조금씩 배열이 돌아가며 답을 내놓습니다. 그러다가 142,857에 7을 곱하면 999,999가 나타나며 패턴에서 벗어납니다. 규칙이라고 하긴 어렵지만, 수와 계산에서 발견할 수 있는 재미있는 모습입니다.

사람들이 가장 싫어하는 수

지금까지의 이야기와는 반대로 사람들이 싫어하는 수도 있습니다. 동양에서는 숫자 4를 죽는다는 뜻을 가진 사(死)와 발음이 같다는 이유로 싫어합니다. 서양에서는 13을 싫어하죠. 서양 사람들에게 13을 싫어하는 이유를 물어보면 이런 이야기를 합니다.

> "12가 완벽한 수인데, 그 완벽한 12에 1을 더해서 만들어진 13은 완벽을 파괴했어. 기분 나쁜 수야."

옛날부터 서양에서는 12라는 수를 좋아했습니다. 그리스 신화에는 12명의 신이 등장합니다. 《구약성경》에는 12지파가 있고, 예수의 제자도 12명, 이슬람교의 창시자 마호메트의 제자도 12명입니다. 하늘의 별자리도 12개이고, 1년은 12개월로 되어 있고, 밤과 낮도 각각 12시간으로 구분합니다. 연필도 12자루가 한 세트입니다. 전 세계의 문화와 역사를 공유하는 현대에 와서는 많은 사람이 숫자 12를 편안하게 생각하고 좋아합니다. 아무리 그래도 우리로서는 '12+1=13'이라는 이유로 13을 끔찍하게 싫어한다는 것은 잘 이해가 되지 않습니다.

수학에서는 가장 완벽한 수로 6을 꼽습니다. 자신의 약수를 더해 자신이 만들어지는 수를 완전수(perfect number)라고 하는데요, 6의 약수는 {1, 2, 3, 6}이고, 자신을 제외한 약수들의 합이 6입니다.

6의 약수 {1, 2, 3, 6}
→ 1 + 2 +3 = 6

옛날 수학자들은 이 관계를 매우 특별하게 생각했습니다. 자신의 약수를 더해서 자신이 만들어지는 것이 뭐 그리 대단한가 생각할 수 있지만, 그런 조건을 만족하는 수는 생각보다 많지 않습니다. 또 하나의 완전수는 28입니다. 28의 약수는 {1, 2, 4, 7, 14, 28}이고, 자신을 제외한 약수를 모두 더하면 28이 되죠.

28의 약수 {1, 2, 4, 7, 14, 28}
→ 1 + 2 + 4 + 7 + 14 = 28

달이 지구를 한 번 도는 데 필요한 날수는 28일입니다. 고대 그리스 철학자들은 달이 지구를 도는 시간이 28일인 이유도 28이 완전수이기 때문이라고 생각했습니다. 물론 하느님이 세상을 6일 동안 창조한 것도 6이 완전수이기 때문이라고 생각했고요. 신이 의도적으로 완전한 성질을 가진 수에 맞게 세상을 창조하고 운행한다고 생각한 것입니다. 신은 6일 동안 완전하게 이 세상을 창조했고, 배 속의 아기는 완전수 28일이 열 번 지나는 동안 자라서 세상에 나오게 된다고 믿었습니다. 고대 그리스인은 다음과 같은 4개의 완전수를 알고 있었습니다.

① 6 = 1 + 2 + 3

② 28 = 1 + 2 + 3 + 4 + 5 + 6 + 7

28 = 1 + 2 + 4 + 7 + 14

③ 496 = 1 + 2 + 3 + ··· + 30 + 31

496 = 1 + 2 + 4 + 8 + 16 + 31 + 62 + 124 + 248

④ 8,128 = 1 + 2 + 3 + ··· + 126 + 127

8,128 = 1 + 2 + 4 + 8 + 16 + 32 + 64 + 127 + 254 + 508 + 1,016 + 2,032 + 4,064

8,128 다음에 등장하는 다섯 번째 완전수는 33,550,336이고, 여섯 번째 완전수는 8,589,869,056입니다. 이렇게 보면 완전수가 아주 희박한 비율로 등장하는 특별한 수임이 틀림없습니다.

이런 관계를 찾다보면, 완벽한 수 12에 1이 더해진 13을 완벽을 파괴했다는 이유로 싫어한다는 것이 더욱 어이가 없기도 합니다. 완벽한 수 6에 1을 더해 만들어진 7도 마찬가지로 완벽을 파괴한 수가 되니까요. 그렇다면 'Lucky 7'은 어울리지 않는 별명입니다.

무언가를 좋아하고 싫어하는 이유에는 논리적으로 설명되지 않는 것이 많습니다. 아리스토텔레스는 누군가를 설득하려면 이성적 논리를 의미하는 로고스(logos), 감정적 공감을 의미하는 파토스(pathos), 그리고 말하는 사람의 인품이나 성품이 주는 에토스(ethos), 이렇게 세 가지 조건이 필요하다고 했습니다. 그중에서도 가장 중요한 것은 에토스라고 강조했습니다.

그의 말은 우리가 어떤 대상에 마음이 끌리고 매력을 느끼는가를 잘 보여줍니다. 좋아하는 데에는 논리적 이유뿐만 아니라 감정적 공감이 중요하죠. 우리는 진실하고 가치 있는 것에 매력을 느낍니다.

레오나르도 다빈치, 〈최후의 만찬〉, 1495~1497.

서양에서 13을 그토록 싫어하게된 원인은 '12의 완벽함을 깨뜨렸다'는 논리적 이유가 전부는 아닐 것입니다. 어쩌면 그들 역사의 절대적 중심이 되었던《성경》이야기. 예수와 12명의 제자가 가졌던 최후의 만찬, 거기에서 연상되는 '13명이 모였고 누군가 죽었다'는 이미지 등 문화의 근간이 된 종교가 드리운 그림자가 13을 기분 나쁜 수로 만들었을 것입니다. 오랜 역사, 그리고 그 안에서 반복되어온 감정적 이미지가 더 큰 부분을 차지했으리라 봅니다.

행운과 행복

우리는 '행운'과 '행복'의 의미를 조금 다르게 이해합니다. 행복은 스스로 만들어가는 것이고, 행운은 의지와 상관없이 우연히 주어지는 것이라는 느낌이죠. 하지만 옛날 사람들은 행운과 행복을 모두 하늘이 내리는 것이라고 여겼습니다. 태어나면서 주어진 삶을 스스로 바꿀 수 있다고 생각하지 못했기 때문입니다. 하지만 언젠가부터 사람들은 삶을 바꿀 수 있다고 생각하며 스스로 행복을 개척하기 시작했습니다. 불과 200년 정도밖에 되지 않은 이야기입니다.

어쩌면 우리는 행운도 스스로 만들 수 있을지 모릅니다. 행복한 사람만이 행운을 끌어당기는 것입니다.

사람들은 인생을 야구에 비유하곤 합니다. 7회에 행운이 오고 8회에 행복이 온다면 정말 이상적인 인생이 되겠지요. 자신의 인생이 몇 회를 지나고 있는지는 사람마다 다릅니다. 이 책을 읽는 독자라면 대부분 7회와 8회 이전이지 않을까요? 인생 최고의 행운이 찾아올 7회, 더없는 행복이 찾아올 8회를 기대하면서 살아간다면 하루하루가 즐거울 겁니다.

당신이 생각한 수

10

호감을 부르는 마술 설계

모임에 가면 마술을 할 줄 아는 사람이 꽤 있습니다. 마술은 어색한 분위기를 풀어주기도 하고, 마음에 드는 이성에게 호감을 얻는 방법이 되기도 합니다. 이번에는 똑똑한 사람으로 보이게 해주는 수학 마술을 소개하겠습니다.

기초 수학이면 충분한, 간단하고 즐거운 마술입니다. 수학의 기술을 이해한다면 '이게 마술일까' 의심이 생기겠지만, 모르는 사람에겐 한없이 신기하게 느껴집니다.

처음 소개하는 마술은 세 자릿수 맞히기입니다. 상대방이 생각한 세 자릿수를 여러분이 맞히는 것으로, 여러분은 7, 11, 13 이렇게 3개의 수만 기억하면 됩니다. 방법은 이렇습니다.

① 세 자릿수를 생각해보세요. 가령 234라고 할까요?

② 이제 이 수를 두 번 연속으로 쓰세요. 234,234와 같이 될 겁니다.

③ 이것을 7로 나누세요. 234,234를 7로 나누면, 33,462입니다.

④ 이것을 다시 11로 나누세요. 33,462를 11로 나누면 3,042입니다.

⑤ 이것을 다시 13으로 나누세요. 3,042를 13으로 나누면 234입니다.

상대방이 세 자릿수를 생각하도록 하고, 그것을 두 번 연속으로 쓰게 한 후, 그 값을 7, 11, 13으로 순서대로 나누는 겁니다. 그러면 처음 생각한 세 자릿수가 나옵니다.

① 세 자릿수 *ABC*를 두 번 반복해서 여섯 자릿수 *ABCABC*를 만듭니다.
② *ABCABC*를 7로 나누고,
③ 다시 11로 나누고,
④ 마지막으로 13으로 나눕니다.
⑤ 그 결과는 *ABC*가 됩니다.

A	B	C	→	A	B	C	A	B	C

$\div 7$

$\div 11$

$\div 13$

$= \boxed{A \quad B \quad C}$

예를 들어, 427을 생각해볼까요?

4	2	7	→	4	2	7	4	2	7

$\div 7 = 61{,}061$

$\div 11 = 5{,}551$

$\div 13 = 427$

어떤 세 자릿수를 대입해도 결과는 같습니다. 이유는 나누는 수 7, 11, 13에 있습니다. 이 3개의 수를 모두 곱하면 1,001이 됩니다.

$$7 \times 11 \times 13 = 1{,}001$$

세 자릿수 *ABC*에 1,001을 곱하면 이것을 연속으로 쓴 여섯 자릿수 *ABCABC*가 얻어지죠. *ABCABC*는 결국 *ABC*×1,001입니다. 7×11×13=1,001이기 때문에 7, 11, 13으로 나눈다는 것은 결국 1,001로 나누어 *ABCABC*를 *ABC*로 만드는 것이죠.

$$ABC \times 1{,}001 = ABCABC$$

이것은 2장에서 소개한 73과 137을 곱하면 10,001이 된다는 사실을 이용해 네 자리의 수를 맞히는 것과 같은 방식입니다. 저도 모임에서 활용했더니 관심과 호기심을 한꺼번에 얻었습니다.

두 자릿수 맞히기

네 자리, 세 자리의 수를 반복해서 쓰는 것도 복잡하다면 두 자릿수를 이용하는 마술도 있습니다. 두 자릿수 마술은 3, 7, 13, 37을 사용합니다. 계산기로 다음 식을 확인해보시죠.

$$3 \times 7 \times 13 \times 37 = 10{,}101$$

네 자릿수와 세 자릿수를 반복해 쓰는 마술처럼, 두 자릿수를 세 번 반복하게 하면 됩니다.

① 두 자릿수를 하나 고르세요. 가령 45라고 하죠.

② 이 수를 세 번 반복해서 쓰세요. 454,545와 같습니다.

③ 이 수를 3으로 나누세요. 454,545를 3으로 나누면 151,515입니다.

④ 이 수를 7로 나누세요. 151,515를 7로 나누면 21,645입니다.

⑤ 이 수를 13으로 나누세요. 21,645를 13으로 나누면 1,665입니다.

⑥ 이 수를 37로 나누세요. 1,665를 37로 나누면 45죠.

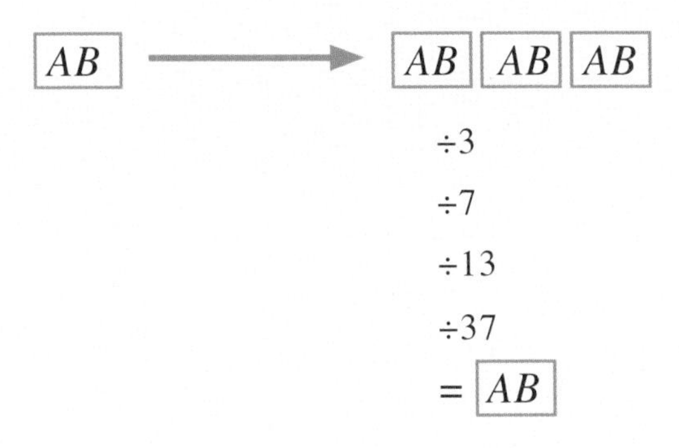

37을 거꾸로 뒤집은 73으로도 두 자릿수를 찾는 마술을 선보일 수 있습니다. 13,837과 73을 곱하면 1,010,101이 나오는 것을 이용하는 겁니다. 다음 식을 계산기로 확인해보시죠.

$$13{,}837 \times 73 = 1{,}010{,}101$$

따라서 두 자릿수 *ab*를 곱하면 다음과 같은 결과가 나옵니다.

$$13{,}837 \times 73 \times ab = abababab$$

예를 들면, 28을 곱하면 28이 네 번 연속으로 써지는 것이죠.

$$13{,}837 \times 73 \times 28 = 28{,}282{,}828$$

이 계산식을 이용하면 앞에서 연출한 것과 같은 마술이 됩니다. 제 친구는 이 방법으로 모임이나 소개팅에서 상대의 나이를 맞히는 마술을 자주 보여주었습니다. 방법은 이렇습니다.

① 상대방에게 자신의 나이에 13,837을 곱하게 합니다. 큰 수가 곱해지기 때문에 상대방은 별 의심 없이 결과로 나온 수를 나에게 보여줍니다.

② 이제 그 수에 내가 73을 곱하면 상대방의 나이가 네 번 연속으로 나오는 겁니다.

어디서든 휴대폰 계산기를 이용해 쉽게 할 수 있습니다.

$$13,837 \times \text{상대의 나이} \times 73$$

같은 방식으로 259에 39을 곱하는 것으로도 상대의 나이를 맞출 수 있습니다. 259에 39를 곱하면 다음과 같은 결과를 얻습니다. 계산기로 확인해보세요.

$$259 \times 39 = 10,101$$

따라서 두 자리의 수 *ab*를 곱하면 다음과 같은 결과가 나옵니다.

$$259 \times 39 \times ab = ababab$$

예를 들어, 28을 곱하면 28이 3번 연속으로 써지는 것이죠.

$$259 \times 39 \times 28 = 282,828$$

이것을 이용하면 상대의 나이를 맞힐 수 있습니다. 방법은 73으로 한 것과 같습니다. 먼저 259에 상대방의 나이를 곱하게 합니다. 그 수에 39를 한 번 더 곱하는 거죠. 이렇게 곱하기를 하면 상대방

의 나이가 세 번 연속되는 수가 나옵니다.

$$259 \times \text{상대의 나이} \times 39$$

* 단, 상대의 나이는 두 자릿수여야 함.

한 자릿수 맞추기

네 자리, 세 자리 그리고 두 자리의 수를 찾는 마술을 살펴봤는데요, 한 자릿수를 찾는 방법도 있습니다. 가장 간단한 방법은 $37 \times 3 = 111$을 이용하는 것입니다. 똑같은 세 자릿수 AAA를 만드는 방법은 $37 \times 3 \times A = AAA$와 같은 계산을 하는 것입니다. 예를 들어, 555를 만들고 싶다면 다음과 같이 계산하는 것이죠.

$$37 \times 3 \times 5 = 555$$

이런 식으로 할 수 있습니다.

① 한 자릿수를 하나 선택하게 하고, 그 수에 3을 곱하게 합니다.

② 그렇게 나온 수에 다시 37을 곱해서 선택한 수가 세 번 연속으로 나타나는 것을 보여주는 것이죠.

상대의 머리를 더 복잡하게 만들고 싶다면 앞서 소개한 $7 \times 11 \times 13 = 1,001$을 한번 더 곱해보세요. $37 \times 3 \times 5 = 555$처럼 같은 수가 세 번 연속된 세 자릿수에 $7 \times 11 \times 13$을 곱하면, 555,555와 같이 같은 수로 이루어진 여섯 자릿수를 만들 수 있습니다.

$$555,555 = 37 \times 3 \times 5 \times 7 \times 11 \times 13$$

이것을 공식화하면 이렇습니다.

$$AAAAAA = 3 \times 7 \times 11 \times 13 \times 37 \times A$$

연출은 여러분이 선택한 방법으로 자유롭게 하면 됩니다. 수를 하나 고르게 한 후 3, 7, 11, 13, 37을 곱하며 그 수가 여섯 번 연속으로 나오게 할 수도 있고, 거꾸로 수를 하나 골라 여섯 번 연속으로 쓰게 하고 3, 7, 11, 13, 37로 나누면서 "나누어 떨어지는 것이 신기하네요"라고 말하며 최종적으로 상대가 고른 수만 남게 하는 방법도 있습니다.

나이를 맞히는 카드 마술

이번에는 카드를 이용해서 상대의 나이를 맞히는 마술입니다.

이 마술에는 다음과 같은 6장의 카드가 필요합니다.

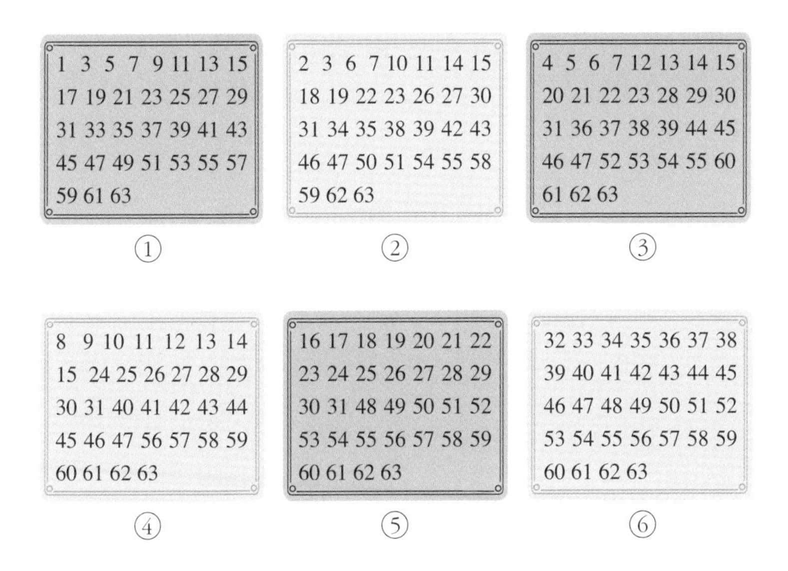

가령 나이가 스물 일곱 살인 사람에게 질문을 한다고 생각해볼까요. “몇 번 카드에 당신의 나이가 있습니까?”라는 질문에 상대는 ①번, ②번, ④번, ⑤번 카드에 자신의 나이가 있다고 말하겠죠. 그럼 우리는 상대가 고른 카드 네 장에 있는 첫 번째 수들을 더하여 (1+2+8+16=27) 상대방의 나이를 맞힐 수 있습니다. 만약 상대에게 “몇 번 카드에 당신의 나이가 있습니까?”라고 질문했는데, ①번과 ⑥번이라고 답하면, 그의 나이는 ①번과 ⑥번 카드의 첫 번째 수 1+32=33으로, 그는 서른세 살이 됩니다.

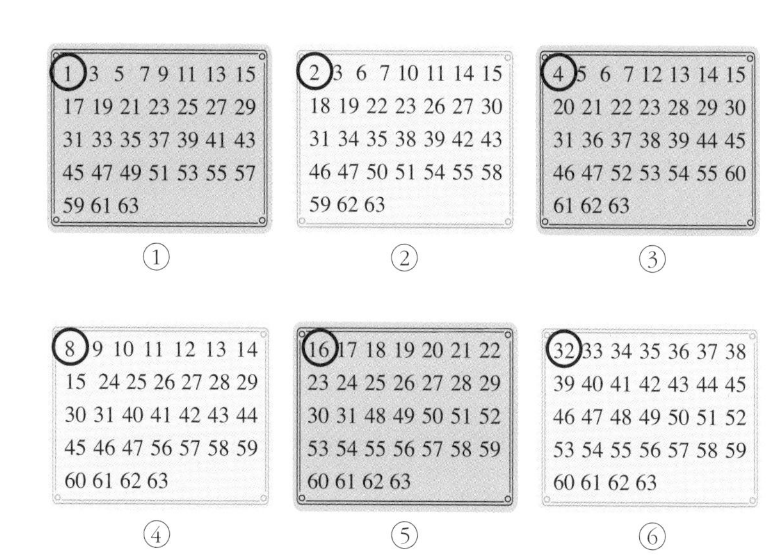

이 카드 마술의 비밀은 십진법으로 쓰인 수를 0과 1로 표현하는 이진법으로 나타내는 것입니다. 설명을 위해 앞선 카드를 조금 간단한 형태로 만들어보겠습니다. 앞에 소개한 카드에는 63까지의 수가 있지만, 간단한 카드에는 15까지의 수가 있습니다.

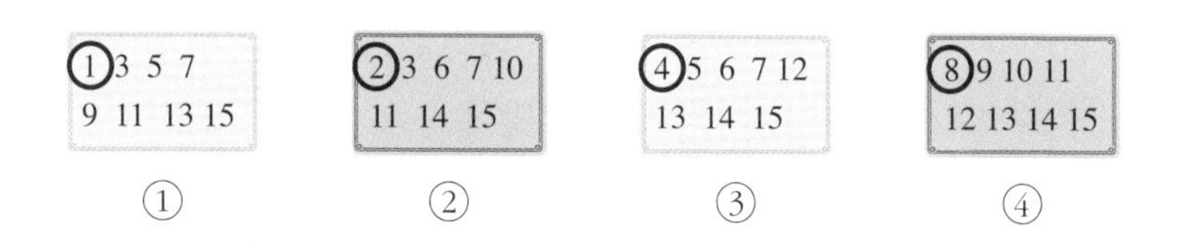

이것으로도 같은 마술을 할 수 있죠. 한 가지 수를 생각하게 하

고, 그 수가 들어 있는 카드의 첫 번째 수를 더하는 겁니다.

가령, 5를 생각했다면, 5는 ①번과 ③번 카드에 있습니다. 따라서 각 카드의 첫 번째 수를 더해 결과는 1+4=5입니다. 11을 생각했다면 ①번, ②번, ④번 카드에 수가 들어 있기 때문에 1+2+8=11입니다. 1에서 15까지의 수를 이진법으로 쓰면 이렇게 볼 수 있습니다.

십진수	이진수			
	8	4	2	1
1				1
2			1	0
3			1	1
4		1	0	0
5		1	0	1
6		1	1	0
7		1	1	1
8	1	0	0	0
9	1	0	0	1
10	1	0	1	0
11	1	0	1	1
12	1	1	0	0
13	1	1	0	1
14	1	1	1	0
15	1	1	1	1

1
2
3 = 2 + 1
4
5 = 4 + 1
6 = 4 + 2
7 = 4 + 2 + 1
8
9 = 8 + 1
10 = 8 + 2
11 = 8 + 2 + 1
12 = 8 + 4
13 = 8 + 4 + 1
14 = 8 + 4 + 2
15 = 8 + 4 + 2 + 1

1에서 15까지의 수를 이진법으로 표현했을 때 1의 자리가 1인 수를 ①번 카드에, 2의 자리가 1인 수를 ②번 카드에, 4의 자리가 1인 수를 ③번 카드에 그리고 8의 자리가 1인 수를 ④번 카드에 써넣어서 마술 카드를 만듭니다.

이것을 1에서 63까지의 수로 확장한 것이 맨 처음 소개한 마술 카드입니다. 1에서 63까지의 수는 1, 2, 4, 8, 16, 32의 조합으로 나타낼 수 있습니다. 예를 들어, 11=8+2+1, 27=16+8+2+1입니다.

1에서 63까지의 수를 이진법으로 나타내면, 1의 자리가 1인 것은 ①번 카드에, 2의 자리가 1인 수를 ②번 카드에, 그리고 32의 자리가 1인 수를 ⑥번 카드에 써서 마술 카드를 만들 수 있습니다. 마술의 핵심은 자신이 선택한 수가 있다고 대답한 카드의 첫 번째 수 1, 2, 4, 8, 16, 32를 더하는 것이죠.

아이스 브레이킹

지금까지 소개한 수학 마술은 수업이나 모임에서 활용하기 좋습니다. 흥미로운 아이스 브레이킹이 되어 학생들과 함께 하면 수학에 대한 흥미를 유발할 수 있죠. 마술은 사람들의 관심을 나에게 집중시키고 빠져들게 하는 힘이 있습니다.

마지막으로 마술 하나를 더 소개합니다. 일단 다음과 같은 카드를 준비합니다. 방법은 이렇습니다.

89	▣	88	◑	87	☻	86	♪	85	♭	84	◆	83	♠	82	♨	81	□	80	☜
79	◆	78	♨	77	♣	76	♠	75	☆	74	☻	73	☆	72	□	71	◆	70	♠
69	♪	68	☆	67	◑	66	◑	65	♨	64	♠	63	□	62	♨	61	☜	60	▣
59	♣	58	♭	57	☜	56	☻	55	◑	54	□	53	♪	52	☜	51	☻	50	♭
49	◑	48	☻	47	♭	46	♠	45	□	44	☜	43	♠	42	◆	41	☜	40	◆
39	☆	38	▣	37	♪	36	□	35	♨	34	◑	33	♪	32	♨	31	♭	30	♠
29	♨	28	☆	27	□	26	▣	25	♣	24	☆	23	☻	22	♪	21	☆	20	◆
19	♭	18	□	17	☜	16	☆	15	♠	14	◑	13	☆	12	♣	11	♭	10	☜
9	□	8	♨	7	◆	6	☻	5	☻	4	♪	3	♠	2	▣	1	◑	0	☆

① 두 자릿수를 아무거나 생각하세요. 가령 94라면,

② 그 두 자릿수에서 각 자리의 수를 한 번씩 빼세요.

94-9-4=81

③ 위의 표에서 계산한 값에 해당하는 그림을 찾으세요

④ 눈을 감고 마음속으로 그 그림을 생각하세요

그리고 나서 이렇게 이야기하는 겁니다.
"당신은 하얀색 정사각형을 생각하고 있군요!"

원리는 간단합니다. 두 자릿수에서 각 자리의 수를 빼면 항상 9의 배수가 나옵니다. 몇 개의 수로 확인해보면 알 수 있습니다. 가령 56을 선택했다면 56-5-6=45, 9의 배수죠. 제시된 카드에는 여러 모양이 랜덤하게 배열된 것처럼 보이지만, 9의 배수에는 모두 하얀색 정사각형이 배치되어 있습니다. 설계자에게는 당연한 결과이지만 상대에겐 신기한 마술이 됩니다. 마술의 원리가 바로 이런 것이죠.

10명중 4명이 틀리는 산수 문제

11

사칙연산 논쟁

가끔 논쟁이 있는 계산 방식이나 수식이 온라인에 등장해서 화제가 되곤 합니다. 다음에 소개하는 계산식을 한번 볼까요?

$$9 \div 3(1 + 2)$$

이 계산식을 보고, 한 사람은 9÷3을 먼저 계산하고, 그다음에 (1+2)를 곱했습니다. 결과적으로 9라는 답을 얻었습니다. 또 다른 사람은 3(1+2)을 먼저 계산한 다음, 9를 그것으로 나누었습니다. 따라서 1이라는 답을 얻습니다.

누구의 계산이 맞을까요?

$$9 \div 3(1+2) = 9 \quad \text{vs} \quad 9 \div 3(1+2) = 1$$

먼저 계산

이 문제는 한때 온라인에서 뜨거운 관심을 받았습니다. 계산기에 9÷3(1+2)라고 입력해보면 9÷3(1+2)=9라는 답을 보여줍니다. 구글에 입력해봐도 답은 9입니다.

컴퓨터가 알려주는 정답도 9입니다. 그런데 뭔가 좀 찜찜한 기분이 들죠. 계산기와 구글이 준 9를 그대로 정답이라고 받아들여도 될까요?

사실 이것은 논란을 만들기 위해 탄생한 문제입니다. 문제 자체가 올바르지 않은 셈이죠. 일반적으로 미지수가 들어가면 곱하기 기호를 생략하지만, 상수끼리는 곱하기 기호를 생략하지 않습니다. 이 식을 바르게 쓰면 이렇습니다. 9÷3×(1+2).

$3x$와 같이 쓰기는 해도 9÷3(1+2)와 같이 애매하게 쓰는 출제자는 없습니다. 문제를 위한 문제를 만들어놓고 정답을 찾으라는

것이죠. 하지만 주입식 교육 혹은 정답 암기식 교육에 익숙해진 사람이라면 정답을 찾는 데만 집중합니다. 이런 식의 문제 풀이는 결국 수학에 흥미를 잃게 만드는 원인이 됩니다.

수학에서는 약속된 규칙을 따라야 합니다. 그런 의미에서 저는 다음과 같은 문제가 좋은 문제라고 생각합니다. 한번 풀어보시죠.

$$\frac{1}{5} \div \frac{1}{5} \div \frac{1}{5} \div \frac{1}{5} = ?$$

문제를 보자마자 저는 중간의 나눗셈 기호를 기준으로 두 덩어리의 $\frac{1}{5} \div \frac{1}{5}$가 대칭으로 보였습니다. 그래서 이렇게 계산했습니다.

$$\boxed{\frac{1}{5} \div \frac{1}{5}} \div \boxed{\frac{1}{5} \div \frac{1}{5}} = 1 \div 1 = 1$$

얼떨결에 계산을 하고 답을 얻었지만, 제 계산은 엉터리였습니다. 초등학생도 알 만한 문제를 엉터리로 계산해버린 것이죠. 이렇게 쉬운 계산도 엉터리로 하면서, 논쟁이 되는 문제를 두고 이런저런 설명을 하고 있자니 스스로도 웃음이 납니다.

사칙연산에는 우선순위가 있습니다.

① 가장 먼저 괄호 안의 계산을 하고, ② 곱하기, 나누기를 순서대로 합니다. 그리고 나서 ③ 더하기, 빼기 순서로 연산을 합니다. 여기에 또 하나 일반 원칙이 있습니다. ④ 우선순위가 같을 때에는 왼쪽에서 오른쪽으로 연산을 진행하는 것이 원칙입니다. 그리고 ⑤ 분수를 나눌 때에는 역수를 곱한다고 생각하면 됩니다. 자, 그럼 이 원칙대로 위의 식을 다시 계산해 보겠습니다.

$$\boxed{\frac{1}{5} \div \frac{1}{5}} \div \frac{1}{5} \div \frac{1}{5} = 1 \div \frac{1}{5} \div \frac{1}{5}$$

$$\boxed{1 \div \frac{1}{5}} \div \frac{1}{5} = 5 \div \frac{1}{5}$$

$$5 \div \frac{1}{5} = 25$$

고백했듯이 저도 이 문제를 처음엔 엉터리로 계산했습니다. 부끄러움을 느끼던 찰나, 예전에 누군가에게 들었던 질문이 생각났습니다.

"분수로 나눌 때에는 왜 역수를 곱하는지 알아?"

우리는 다음과 같이 분수로 나눌 때에는 역수를 곱해서 계산합니다. 그 이유에 대한 질문이었습니다.

$$5 \div \frac{1}{3} = 5 \times 3 = 15$$

사실 이 질문을 받기 전까지는 왜 분수로 나눌 때에는 역수를 곱하는지 생각해본 적이 없었습니다. 습관적으로 계산했죠. 이유도 제대로 모르면서 '분수로 나눌 때에는 역수를 곱한다'는 공식을 암기하고 그대로 대입했습니다. 아마 많은 학생이 그렇게 공부하고 있을 것입니다.

어쩌면 진짜 수학을 공부한다는 것은 이런 규칙의 의미를 생각해보고 자신의 언어로 정리해보는 것이 아닐까 싶습니다. 당시 이 질문을 받고 이렇게 생각해봤습니다.

나눈다는 것의 의미

나눈다는 것의 의미는 다음 두 가지입니다. 첫 번째는 주어진 수로 똑같이 묶었을 때 하나의 크기가 얼마인지를 구하는 것, 두 번째는 주어진 수의 크기로 똑같이 묶었을 때 몇 덩어리가 될 것인지를 구하는 것입니다. 가령, 12÷3이라는 식을 생각해보면, 12개를 3개의 등분으로 나누었을 때 각 등분의 크기는 얼마일까를 구하는 것이 첫 번째 방식입니다. 두 번째는 12개를 3개씩 묶어서 등분하면 몇 개의 묶음이 나올까를 구하는 것입니다. 그림으로 표현하면 이렇습니다.

① 주어진 수로 묶었을 때 하나의 크기는 얼마입니까?

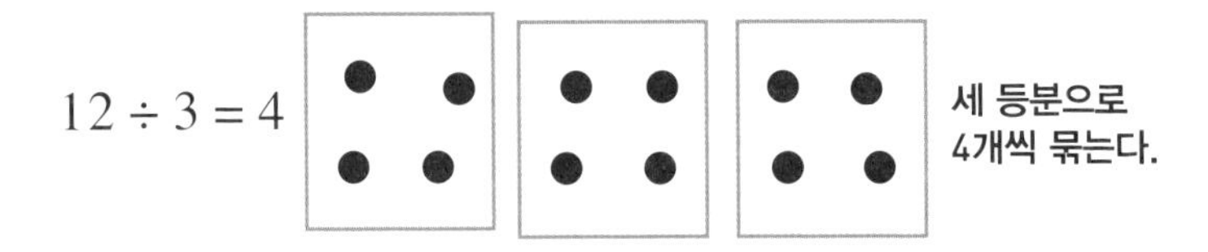

② 주어진 수의 크기로 묶었을 때 몇 덩어리가 됩니까?

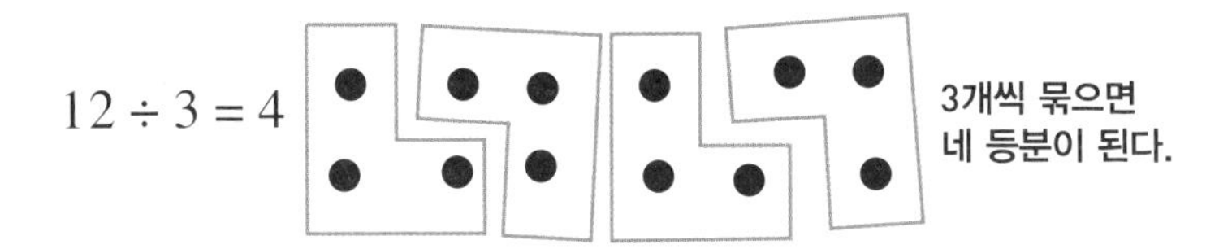

나눗셈의 두 가지 방식을 $1 \div 3$이라는 수식에 적용해보면, 첫 번째 방식은 "1을 세 등분하면 그중 하나의 크기가 얼마인가?" 하는 질문이 됩니다. 1을 세 등분하면 각 등분은 $\frac{1}{3}$의 크기를 갖습니다. 그래서 $1 \div 3 = \frac{1}{3}$ 입니다.

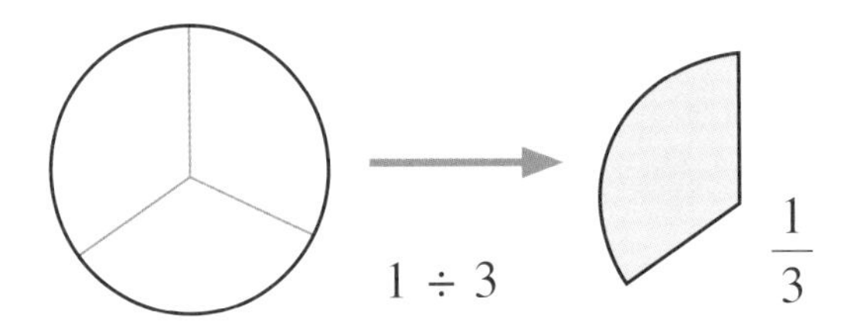

$1 \div \frac{1}{3}$에 두 번째 방식을 적용하면 "1을 $\frac{1}{3}$ 개씩 묶으면 몇 덩어리가 되는가?"입니다. 1에는 $\frac{1}{3}$이 몇 개 있는지 묻는 것입니다. 1에는 $\frac{1}{3}$이 3개 있습니다. 따라서, $1 \div \frac{1}{3}$ =3입니다.

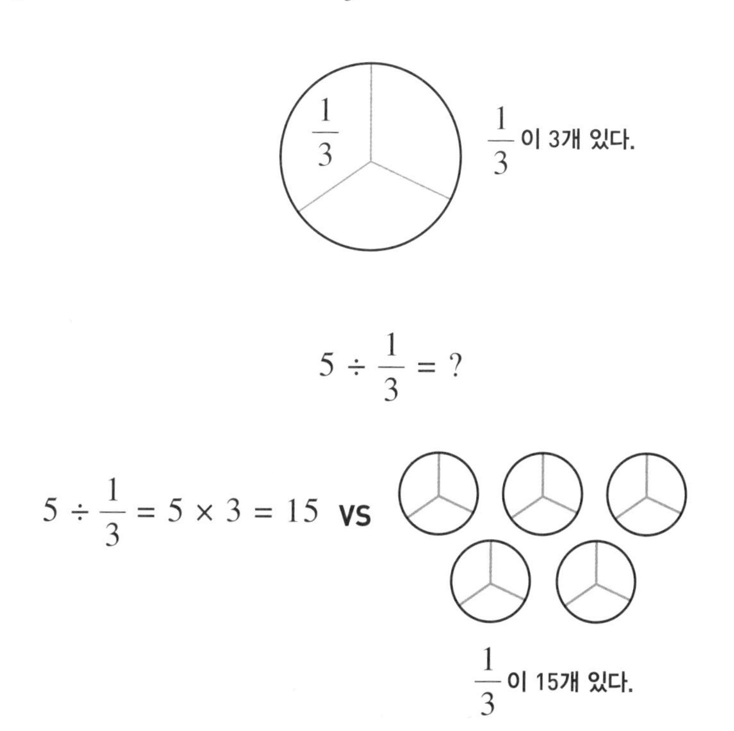

'분수를 나눌 때에는 역수를 곱하는 것'이라는 공식을 기억하는 것, 그리고 앞에서처럼 나눈다는 것의 의미를 천천히 생각해보는 것. 어느 쪽이 계산에 더 쉽게 접근하는 방식일까요? 나눈다는 의

미를 생각하는 것은 훨씬 더 어렵고 시간이 걸립니다.

애초에 학생들을 가르칠 때 선생님은 규칙을 만들어 외우게 하고, 그 과정에 대한 설명을 같이 합니다. 반대로 먼저 나눗셈의 의미를 이해한 뒤에 공식으로 만들어 외울 수 있다면 나눗셈에 대해 완벽히 알게 됩니다. 문제집 속의 공식만 외우는 데서 멈추지 말고 더 나아가 시간이 걸리더라도 원리를 이해하는 것, 이것이 어려운 문제를 만났을 때 쉽게 해결하는 요령입니다.

10명 중 4명이 틀리는 문제

일본에서 화제가 된 뉴스가 있었습니다. 뉴스의 시작에는 다음과 같은 수학 문제가 등장했습니다.

$$9 - 3 \div \frac{1}{3} + 1 =$$

일본의 한 대기업에서 신입 직원을 뽑는 시험에 위와 같은 초등학교 5학년 수준의 수학 문제를 출제했습니다. 그랬더니 정답률이 60%에 불과했다는 겁니다. 이 간단한 사칙연산 문제를 대학을 졸업한 성인의 40%가 풀지 못했다는 것입니다. 성인들의 수학 수준을 질타하는 기사였을까요?

이 문제의 핵심은 중간에 있는 $3 \div \frac{1}{3}$ 의 계산식입니다.

앞서 이야기한 것처럼 분수의 나눗셈은 역수를 곱하는 것과 같기 때문에 $3 \div \frac{1}{3} = 3 \times 3 = 9$입니다. 사칙연산에서는 맨 처음 곱하기와 나누기를 하고, 그다음에 더하기와 빼기를 계산하는 것이 원칙이므로 문제의 답은 1입니다. 너무나 간단한 문제였죠.

그런데 왜 그렇게 많은 사람이 틀리게 계산했을까요? 혹시 '분수의 나눗셈은 역수를 곱한다'는 원칙을 알고 있었어도 그 원칙의 의미를 정확하게 이해하지 못하고 있었던 건 아니었을까요? 여러분도 쉽게 빠져나올 수 없는 문제일 겁니다.

수의 마술 매직 서클

12

매직 서클

매직서클(magic circle)을 아시나요? 신기하고 재미있는 원 모양으로, 1에서 32까지의 수를 한 번씩만 써서 완성됩니다. 이 원이 신기한 이유는 어떤 수를 선택하더라도 옆의 수와 더하면 제곱수가 되기 때문입니다.

다음에 소개하는 원 위에서 아무 수나 선택해 옆의 수와 더해보세요. 쉽게 확인해볼 수 있습니다.

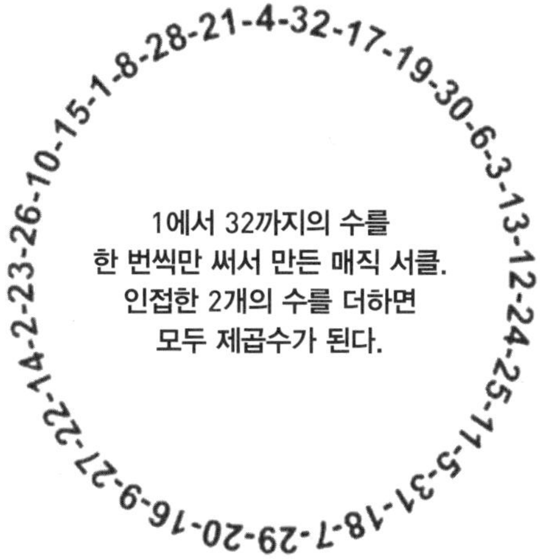

1-8-28-21-4-32-17-19-30-6-3-13-12-24-25-11-5-31-18-7-29-20-16-9-27-22-14-2-23-26-10-15

1에서 32까지의 수를
한 번씩만 써서 만든 매직 서클.
인접한 2개의 수를 더하면
모두 제곱수가 된다.

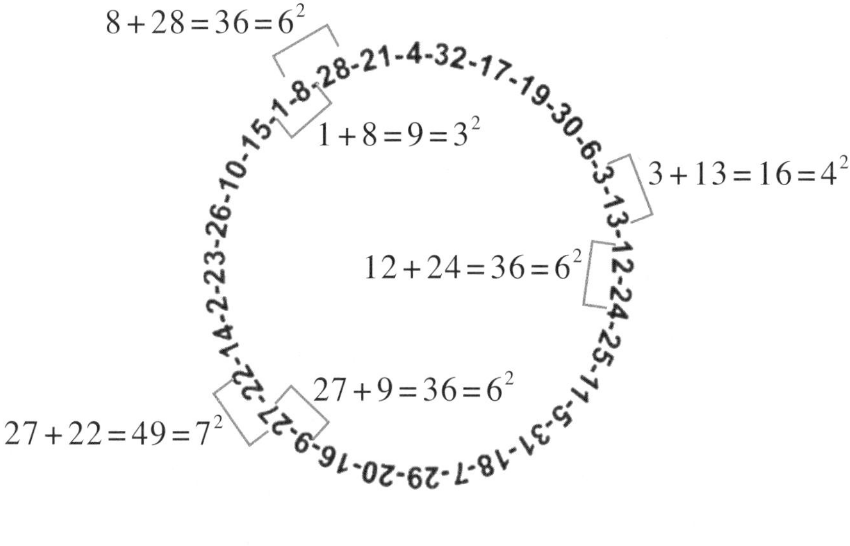

$8+28=36=6^2$

$1+8=9=3^2$

$3+13=16=4^2$

$12+24=36=6^2$

$27+9=36=6^2$

$27+22=49=7^2$

매직 서클은 두 가지 조건을 충족합니다. 1에서 32까지의 수가 빠짐없이 포함되어 있고, 모두 '옆자리의 수와 더하면 어떤 수의 제곱이 된다'는 특정한 규칙을 따릅니다. 이렇게 신기한 법칙을 가진 수의 집합은 호기심을 불러일으키고 때로는 마술처럼 느껴집니다.

중국 송나라의 수학자 양휘(Yang Hui)가 만든 유명한 매직 서클이 있습니다. 1에서 33까지의 수를 한번씩 사용해 만든 원으로, 가운데 9를 기준으로 만들어진 크고 작은 4개의 원 위에 있는 수의 합은 모두 138로 같습니다.

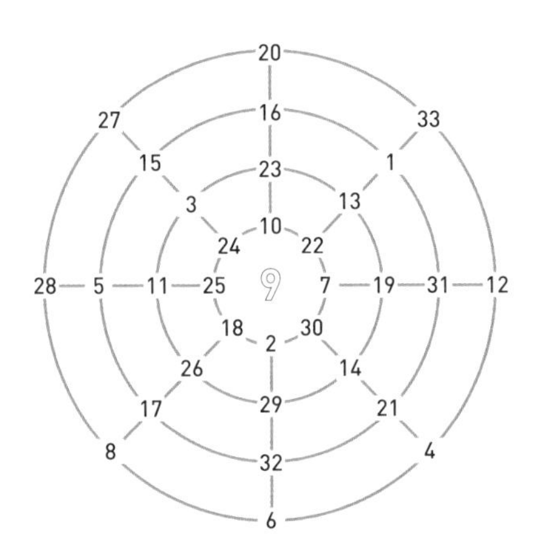

8개의 반지름 위에 있는 수의 합은 69로 같고, 4개의 지름에 있는 수의 합은 중앙의 9를 더하여 모두 147로 같습니다. 동그란 원 위에 있는 수의 합이 138이므로 중앙의 9를 더하면 138+9=147,

지름에 있는 수의 합을 모두 더한 것과 같은 값이 됩니다.

원 위의 모든 수의 합

20 + 33 + 12 + 4 + 6 + 8 + 28 + 27 = 138

16 + 1 + 31 + 21 + 32 + 17 + 5 + 15 = 138

23 + 13 + 19 + 14 + 29 + 26 + 11 + 3 = 138

10 + 22 + 7 + 30 + 2 + 18 + 25 + 24 = 138

반지름 위의 모든 수의 합

20 + 16 + 23 + 10 = 69

33 + 1 + 13 + 22 = 69

12 + 31 + 19 + 7 = 69

…

28 + 5 + 11 + 25 = 69

27 + 15 + 3 + 24 = 69

이 매직 서클이 가진 또 한 가지 특징은 어떤 방향, 어떤 자리에 반원을 그려도 그 반원 안에 있는 수의 합은 345로 모두 같다는 점입니다. 27에서 중심에 있는 9를 지나 4까지 연결하는 직선을 그리면 양쪽으로 2개의 반원이 생깁니다. 그 2개의 반원 안에 있는 수들을 모두 더하면 345입니다. 28에서 중심에 있는 9를 지나 12까지 연결해 생기는 양쪽 반원 2개도 마찬가지입니다. 8에서 중심에 있는 9를 지나 33까지 연결하여 생기는 2개의 반원도 마찬가지. 모든 반원 안에 있는 수들을 더하면 345로 같은 값이 나옵니다.

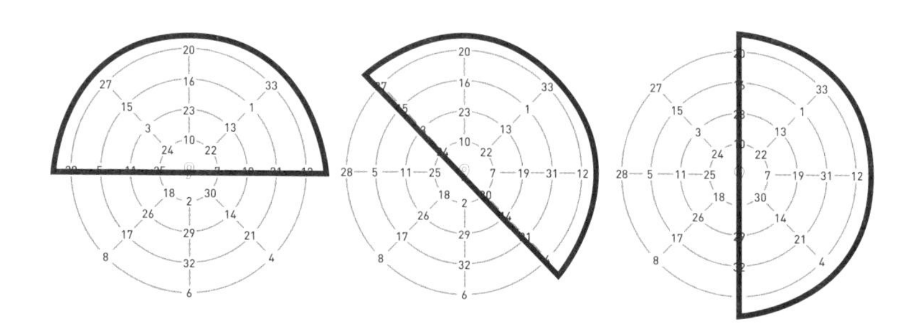

반원 안에 있는 모든 수의 합은 모두 345
여기에 중심에 있는 9를 더하면 345 + 9 = 354

이 매직 서클은 1275년 송나라 수학자 양휘가 쓴《속고적기산법(續古摘奇算法)》이라는 책에 소개되어 있습니다. 그 옛날에도 이런 재미있는 수의 관계를 이용해 놀이를 즐겼다는 것이 신기합니다.

매직 스퀘어

매직 서클보다 자주 접하는 수학 놀이는 매직 스퀘어(magic square)입니다. 다음의 그림을 먼저 보시죠.

16	3	2	13
5	10	11	8
9	6	7	12
4	15	14	1

알브레히트 뒤러, 〈멜랑콜리아〉, 1514

이 작품은 16세기 독일의 화가 알브레히트 뒤러(Albrecht Dürer)의 작품 〈멜랑콜리아〉입니다. 이 작품 안에는 4×4 매직 스퀘어, 한자로 마방진(魔方陣)이 등장합니다.

매직 스퀘어는 정사각형 안에 적어 가로, 세로, 대각선에 있는 수를 모두 더한 값이 같도록 차례대로 배열한 것입니다. 뒤러의 그림에 등장하는 매직 스퀘어는 가로나 세로 또는 대각선 어느 방향으로 더해도 모두 그 값이 34로 같습니다. 4×4 매직 스퀘어는 뒤러의 작품에 등장하는 것 외에도 다른 방법으로도 만들 수 있는데요, 이 작품 속 매직 스퀘어는 다음과 같은 규칙을 하나 더 갖고 있습니다. 진하게 테두리를 친 것처럼 매직 스퀘어 안을 네 칸씩 묶어 각 칸을 보면 사각형 안에 있는 모든 수의 합도 34로 같습니다.

16	3	2	13
5	10	11	8
9	6	7	12
4	15	14	1

16	3	2	13
5	10	11	8
9	6	7	12
4	15	14	1

뒤러의 그림 속 매직 스퀘어의 맨 아랫줄에는 이 작품의 제작 연도인 1514를 나타내는 수가 의도적으로 들어가 있습니다.

16	3	2	13
5	10	11	8
9	6	7	12
4	15	14	1

수학이라는 학문이 널리 알려지지 않은 1514년의 사람들에게

매직 스퀘어는 매우 신기한 퀴즈 혹은 마술처럼 느껴졌습니다.

지금도 매직 스퀘어는 대중적으로나 학문적으로 인기가 많습니다. 앞서 소개한 4×4 형태보다 더 큰 사각형을 채우는 매직 스퀘어도 많습니다. 이것을 연구하는 수학자도 있을 정도입니다.

매직 스퀘어 만들기

가장 간단한 매직 스퀘어는 3×3 형태로, 다음과 같습니다.

2	9	4
7	5	3
6	1	8

3×3 매직 스퀘어를 만드는 아주 간단한 방법이 있습니다. 먼저 3×3의 9칸짜리 매직 스퀘어를 만들고, 사방으로 다음과 같은 가상의 공간을 하나씩 그려봅니다.

이제 화살표 방향으로 1에서 9까지의 수를 순서대로 넣습니다.

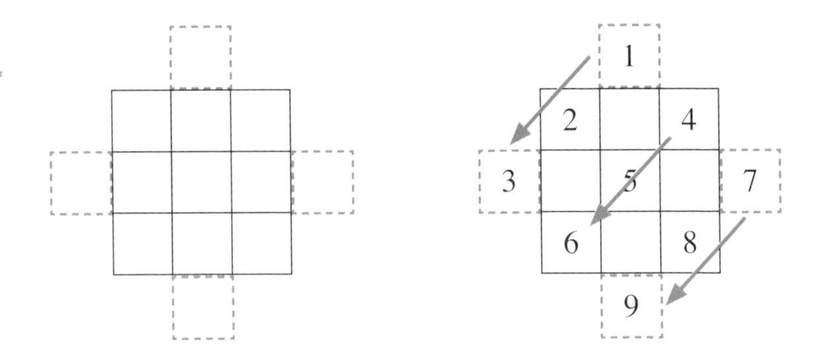

그리고 다음과 같이 가상의 자리에 있던 수를 가로세로의 반대쪽으로 이동합니다.

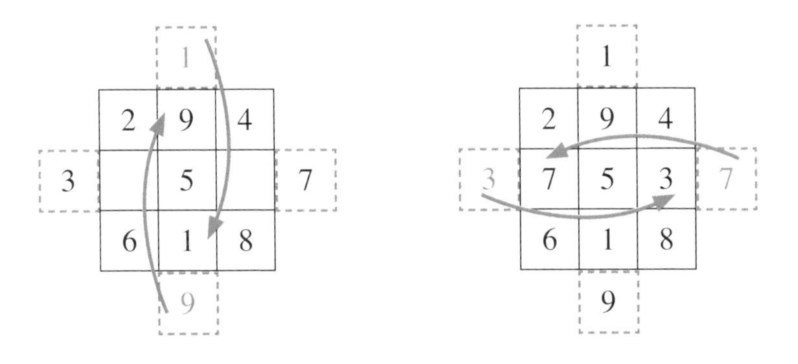

이렇듯 간단하게 3×3 매직 스퀘어를 만들 수 있습니다. 3×3만이 아닌, 5×5, 7×7 등 홀수 칸으로 이뤄진 매직 스퀘어는 모두 지금과 같은 방법으로 만듭니다. 매직 스퀘어를 직접 만들어보고 확인하는 것도 재미있는 작업입니다.

나만의 매직 스퀘어

신비의 수학자 라마누잔(Ramanujan)은 자신의 생일인 1887년 12월 22일을 기념하며 다음과 같은 특별한 매직 스퀘어를 만들었습니다.

22	12	18	87
88	17	9	25
10	24	89	16
19	86	23	11

이 매직 스퀘어는 가로, 세로, 대각선의 합이 모두 139로 같습니다. 그리고 큰 정사각형 안의 어떤 자리에 2×2의 작은 정사각형을 그려도 그안에 있는 수의 합은 모두 139로 같습니다. 첫 줄의 수는 라마누잔 자신의 생일인 1887년 12월 22일을 의미합니다. 이것을 라마누잔의 매직 스퀘어라 부릅니다.

라마누잔이 자신의 생일을 기념하는 매직 스퀘어를 만든 것처럼 우리도 자신의 생일을 기념하는 매직 스퀘어를 만들 수 있습니다. 먼저 라마누잔 매직 스퀘어의 구조를 살펴보면 다음과 같은 원리를 알 수 있습니다.

A	B	C	D
D+1	C-1	B-3	A+3
B-2	A+2	D+2	C-2
C+1	D-1	A+1	B-1

라마누잔은 자신의 생일인 22, 12, 1887을 A·B·C·D 칸에 각각 22, 12, 18, 87로 나누어 넣었습니다. 이것은 서양에서 생년월일을 표기하는 방식입니다. 우리나라 사람들은 생일을 1887년 12월 22일로 표기하니까 A·B·C·D의 칸에 각각 18, 87, 12, 22를 넣습니다. 그렇게 넣으면 라마누잔의 매직 스퀘어는 다음과 같이 완성됩니다.

18	87	12	22
23	11	84	21
85	20	24	10
13	21	19	86

→ 1887년 12월 22일

여러분도 자신의 생일을 이용해 나만의 매직 스퀘어를 만들어보세요. 또는 친구의 생년월일이 A·B·C·D 첫 칸에 들어가는 매직 스퀘어를 만들어서 선물해보세요. 저는 1999년 12월 23일에 태어난 딸에게 다음과 같은 매직 스퀘어를 만들어 선물했습니다.

19	99	12	23
24	11	96	22
97	21	25	10
13	22	20	98

제 생일은 1970년 1월 13일인데, A·B·C·D에 넣으면 C의 자리에 1이 들어갑니다. 이렇게 되면 C-2의 자리가 마이너스가 되어 약간 어색해지더군요. 그래서 마이너스 값이 나오지 않게 하기 위해서 매직 스퀘어를 아래와 같이 약간 조정했습니다.

A	B	C	D
D-3	C+3	B+1	A-1
B+2	A-2	D-2	C+2
C+1	D-1	A+1	B-1

19	70	1	13
10	4	71	18
72	17	11	3
2	12	20	69

어떤 방향으로든 작은 2×2 사각형을 만들면, 그안의 수를 합한 값이 모두 103이 되는 저만의 매직 스퀘어입니다. 매직 스퀘어를 알려줬더니 한 친구가 다음과 같은 낙서를 보여주었습니다.

개	똥	아
똥	쌌	니
아	니	야

가로로 읽어도 세로로 읽어도 '개똥아' '똥쌌니' '아니야'로 똑같이 읽히는 낙서죠. 이런 종류의 말장난은 누가 해도 재미있습니다. 회문(回文)이라고도 하고, 영어로는 팰린드롬(Palindrome)이라고 합니다. 인기리에 방영되었던 드라마 〈이상한 변호사 우영우〉에서도 회문이 나옵니다. 주인공 우영우는 자신의 이름을 이렇게 소개합니다. "똑바로 읽어도 거꾸로 읽어도 우영우, 기러기, 토마토,

스위스, 인도인, 별똥별, 우영우."

바로 읽어도 거꾸로 읽어도 똑같다는 점을 독특한 개성으로 살려낸 자기 소개가 재미있습니다.

논리적이면서 창의적인 사고법

13

문제를 해결하는 두 가지 방법

아래의 그림처럼 같은 모양의 직사각형 4개가 주어졌습니다. 직사각형 하나의 넓이는 얼마일까요?

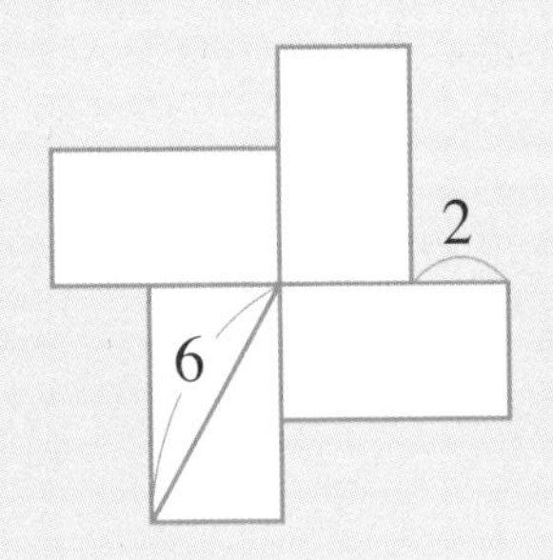

이런 문제를 만났을 때 해결하기 위해 접근하는 스타일은 두 가지입니다. 접근 방식을 각각 '계산파'와 '그림파'라고 하겠습니다. 계산파는 빠르게 직사각형 두 변의 길이를 x, y로 놓고 관계식을 찾습니다. 주어진 문제의 조건에서 $x-y=2$라는 식을 찾아내고, 피타고라스의 정리를 이용해 $x^2+y^2=6^2$이라는 식을 만들어 x, y의 값을 구합니다.

반면, 그림파는 먼저 그림을 요리조리 살펴봅니다. 지켜보는 사람에겐 멍때리는 것처럼 보일지 모르지만 아이디어가 떠오를 때까지 살펴보면서 직사각형을 움직여봅니다. 그러다가 이렇게 재배열하죠.

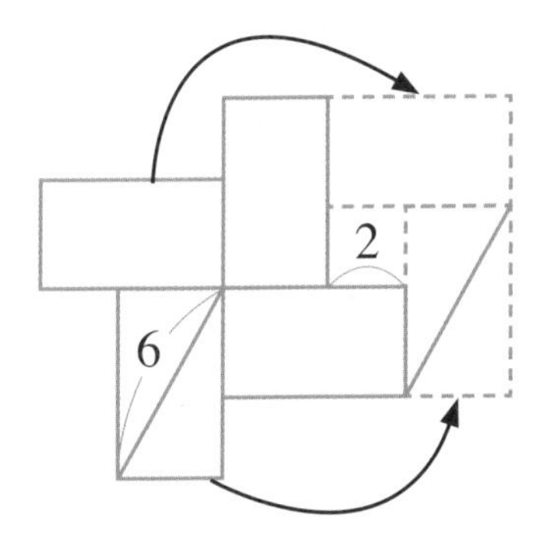

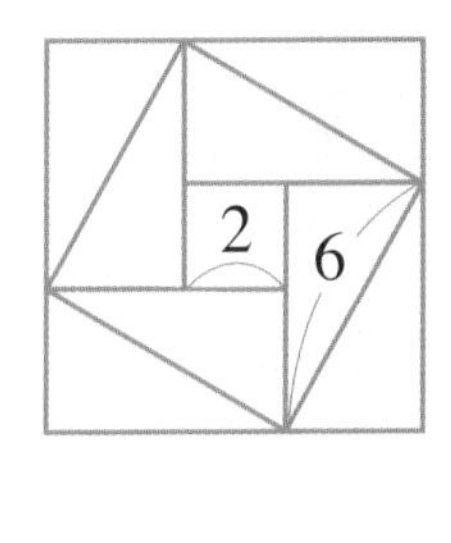

재배열한 직사각형을 보면, 색칠한 부분의 전체 넓이는 한 변의 길이가 6인 정사각형에서 안쪽의 한 변 길이가 2인 정사각형을 뺀 것의 2배라는 것을 알 수 있습니다. 즉 $(6^2-2^2)\times2=64$입니다. 직사각형 4개의 합이 64이므로 직사각형 하나의 넓이는 16입니다.

논리와 창의성을 모두 가진 통합파

여러분은 계산파와 그림파 중 어느 쪽인가요? 아니면 빠르게 계산으로 접근하는 방식과 문제를 재구성해 접근하는 방식 중 어느 쪽이 마음에 드시나요? 주로 논리적인 사람은 계산파, 창의적인 사람은 그림파가 됩니다. 저는 오른손과 왼손을 모두 잘 사용하는 양손잡이처럼 그림과 계산을 모두 활용하는 사람이 되기를 지향하고 있습니다. 논리적이면서 창의적인 사람이 되고 싶어서죠.

학창 시절 우리가 배운 공식이 하나 있습니다.

$$(a + b)^2 = a^2 + 2ab + b^2$$

이 공식을 계산식으로 암기하기 전에, 다음과 같이 그림으로 표현해보면 훨씬 이해가 빠릅니다.

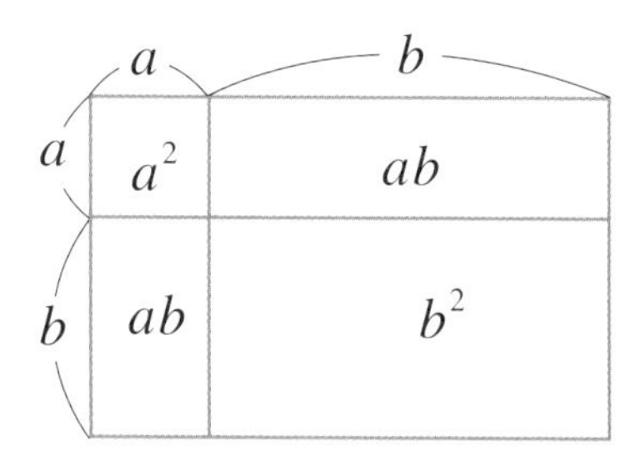

그림으로 이해하고 나면 자연스럽게 조금 더 생각을 확장할 수

있습니다. 다음과 같은 공식도 한번 보시죠.

$$(a + b + c)^2 = a^2 + b^2 + c^2 + 2ab + 2bc + 2ca$$

변수가 a와 b, 2개에서 a, b, c, 3개로 많아졌지만, 이 식도 다음과 같이 그림을 그려보면 쉽게 이해할 수 있습니다. 그림과 계산을 이렇게 연결지어 생각하는 것은 계산과 그림에 모두 익숙한 통합파만 할 수 있습니다.

	a	b	c
a	a^2	ab	ca
b	ab	b^2	bc
c	ca	bc	c^2

이런 것도 한번 볼까요? 홀수들을 순서대로 더하면 정수의 제곱수가 된다는 사실을 알고 있습니까? 1에서 어떤 홀수까지 중간에 있는 홀수들을 모두 더하면 그 수는 어떤 수의 제곱이 됩니다. 다음과 같습니다.

$1^2 = 1$

$2^2 = 1 + 3$

$3^2 = 1 + 3 + 5$

$4^2 = 1 + 3 + 5 + 7$

$5^2 = 1 + 3 + 5 + 7 + 9$

$\cdots$

이 규칙 역시 계산과 그림 두 가지 방식으로 이해할 수 있습니다. 먼저 계산식으로는 다음과 같은 공식으로 표현합니다.

$$
\begin{aligned}
1 + 3 + 5 + \cdots + (2n - 1) &= \sum_{k=1}^{n} (2k - 1) \\
&= 2\sum_{k=1}^{n} k - \sum_{k=1}^{n} 1 \\
&= 2 \times \frac{n(n + 1)}{2} - n \\
&= n(n + 1) - n \\
&= n^2
\end{aligned}
$$

같은 내용을 다음과 같이 그림으로 표현하면, 수를 공간으로 이해할 수 있어서 생각의 폭이 훨씬 넓어집니다.

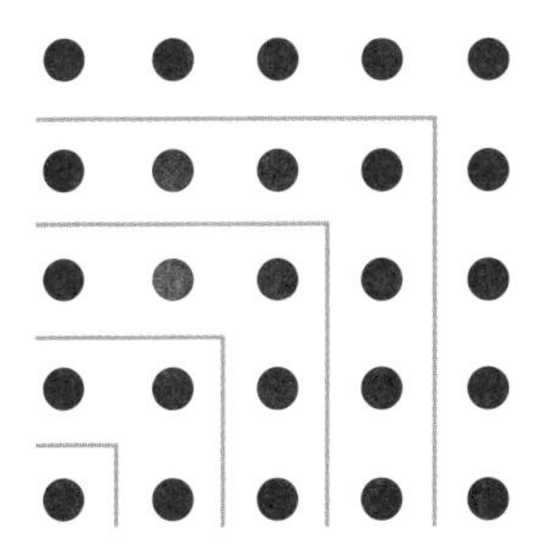

그림파와 계산파, 수학에서는 양쪽 모두 아주 훌륭한 문제 해결 방식이지만, 두 가지를 함께 활용할 수 있다면 이해의 폭은 무한대로 넓어집니다. 생각을 유연하게 하는 힘이 생깁니다.

유연하게 생각하기 연습 문제

문제 2개를 소개합니다. 여러분이 그림과 계산의 통합파가 되어 해결해보면 좋겠습니다.

"다음 그림에서 붉은색으로 색칠한 부분의 넓이는 얼마일까요?"

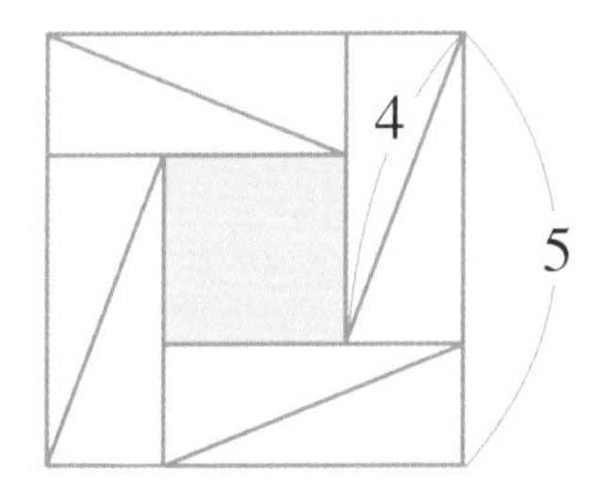

이 문제를 보면 일단 직사각형 두 변의 길이를 x, y로 놓고 피타고라스의 정리 등을 적용해 빠르게 계산을 하고 싶어집니다. 하지만 문제를 찬찬히 잘 관찰해보세요. 다른 방법이 있지 않을까요? 먼저 문제에서 주어진 직사각형 안의 대각선 방향을 이렇게 바꿔보겠습니다.

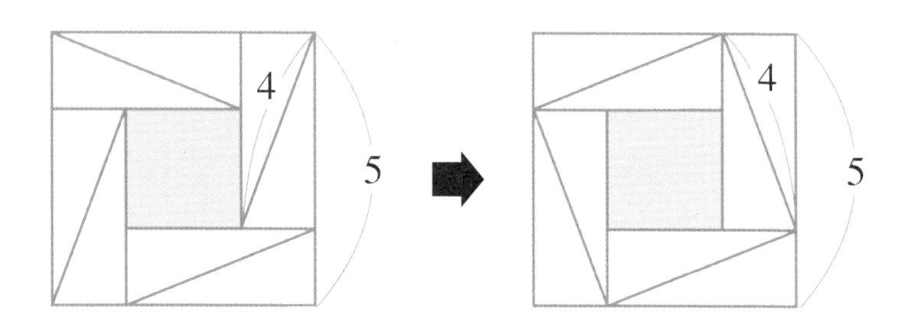

대각선 방향을 바꿔보면 큰 정사각형과 색칠된 작은 정사각형 사이에 있는 또 하나의 정사각형이 보입니다. 직사각형의 대각선은 직사각형을 반으로 나눕니다. 따라서 길이가 5인 정사각형에서 길이가 4인 정사각형을 뺀 부분의 넓이는 길이가 4인 정사각형에서 붉은색으로 색칠한 부분을 뺀 것과 같습니다. 전체 정사각형의 넓이는 25이고, 중간에 있는 정사각형 넓이는 16이기 때문에 전체 정사각형에서 중간 정사각형을 뺀 부분의 넓이는 25-16=9입니다. 또한 넓이가 16인 정사각형에서 붉은색으로 색칠한 부분을 뺀 부분의 넓이도 9입니다. 따라서 붉은색으로 칠한 부분의 넓이는 16-

9=7이 됩니다.

"다음은 크기가 같은 두 삼각형을, 크기가 다른 작은 삼각형으로 쪼개어 각각 색칠한 것입니다. A와 B 중 어느 쪽이 색칠한 면의 넓이가 더 클까요?"

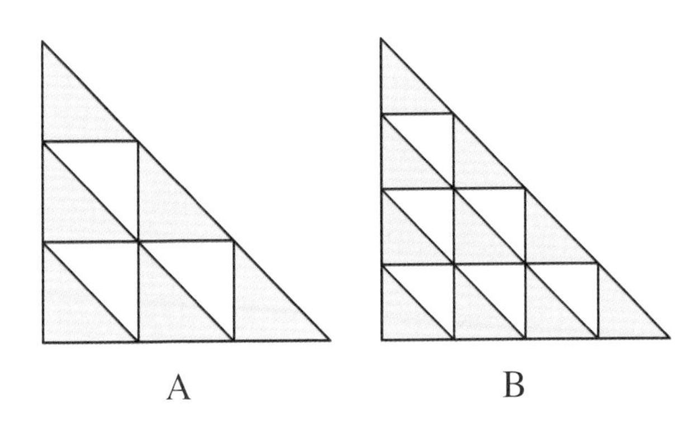

이 문제는 도형으로 출제되었지만, 그림으로 생각하며 풀기엔 좀 어렵습니다. 이것은 오히려 수식으로 계산해야 하는 문제죠. 먼저 각각의 삼각형에서 색칠한 부분이 전체의 얼마를 차지하는지 따져봅니다. A에서 색칠한 부분은 전체를 9로 나눈 것 가운데 6을 차지하고 있으므로 전체의 $\frac{6}{9}=\frac{2}{3}$ 입니다.

B에서 색칠한 부분은 전체를 16으로 나눈 것 가운데 10을 차지하니까 전체의 $\frac{10}{16}=\frac{5}{8}$ 입니다. 이제 $\frac{2}{3}$와 $\frac{5}{8}$를 비교하면 어느 쪽 넓이가 더 큰지 알 수 있습니다.

$$\frac{2}{3} = \frac{16}{24} > \frac{5}{8} = \frac{15}{24}$$

결론적으로 삼각형 A의 색칠한 부분의 넓이가 더 크다고 할 수 있습니다.

역사적으로 수학의 발전은 그림파나 계산파가 아닌 통합파에 의해 이루어졌습니다. 기원전 600년경에 완성된 피타고라스의 정리 역시 그림과 계산의 통합으로 이루어진 것입니다.

당시에는 그림으로 그려지는 직각삼각형의 세 변의 길이가 특정한 계산식을 만족했다는 사실이 꽤나 충격적인 발견이었습니다. 지금까지도 그림과 계산의 통합으로 소개되는 대표적 사례입니다. 또 하나 중요한 통합은 바로 데카르트의 해석기하학입니다. 데카르트는 기하학과 대수학을 연결해 해석기하학을 만들었는데, 이 역시 그림과 계산의 통합으로 이룬 매우 충격적인 사건이었습니다. 데카르트가 이룩한 통합의 힘을 느낄 수 있는 문제를 살펴보겠습니다.

"실수 x, y에 대해 다음과 같이 주어진 식의 최솟값을 구하세요."

$$f(x, y) = \sqrt{(x - 1)^2 + (y - 1)^2} + \sqrt{(x - 4)^2 + (y - 5)^2}$$

이런 문제는 어떻게 풀어야 할까요? (x, y)의 값으로 이것저것 막 넣어봐야 할까요? 데카르트가 도입한 해석 기하학을 적용하면 x-y 좌표에 주어진 식을 해석할 수 있습니다.

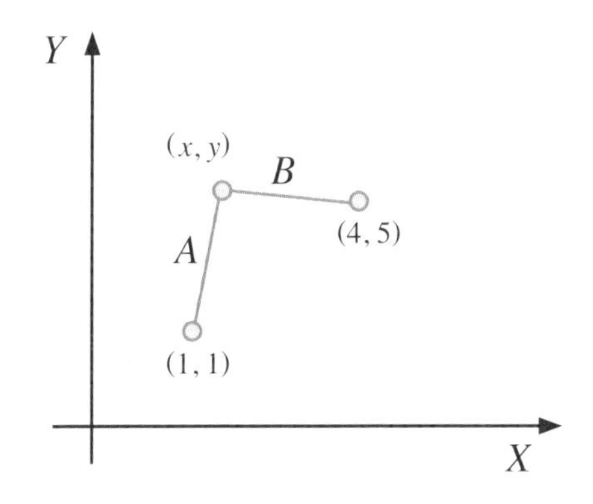

문제에서 주어진 $f(x, y)$는 (x, y)에서 $(1, 1)$까지의 거리와 $(4, 5)$까지 거리의 합이라고 생각할 수 있습니다. 즉, $f(x, y) = A + B$인 것이죠. 이 값이 최소가 되는 상황은 (x, y)가 $(1, 1)$과 $(4, 5)$를 연결하는 선 위에 있는 것이고, 그 때의 최솟값은 $(4, 5)$에서 $(1, 1)$까지의 거리만큼입니다.

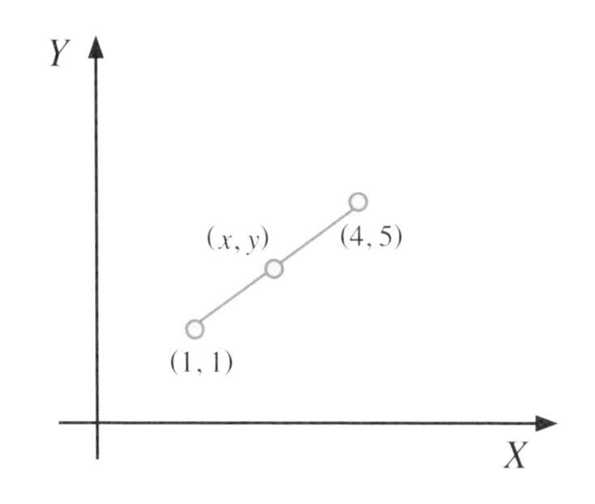

$$\sqrt{(4-1)^2+(5-1)^2}=\sqrt{3^2+4^2}=5$$

따라서 $f(x, y)$의 최솟값은 5입니다.

앞서 계산파는 논리적이고, 그림파는 창의적이라고 이야기했습니다. 그 이야기의 근거는 다음과 같습니다. 논리적이라는 것은 누구나 설득할 수 있도록 눈에 보이는 대상에서 출발해 필요한 결론을 찾아가는 방식입니다. 반면 창의적이라는 것은 설명하긴 어렵지만 눈에 보이지 않는 대상을 상상하며 새로운 것을 만들어가는 방식입니다.

직사각형 넓이는 두 변의 곱입니다. 그러니 얼른 문제의 조건 속에서 찾은 두 변을 x, y로 놓고 관계식을 파악해 빠르게 계산하는 것은 매우 논리적인 접근입니다. 반면 주어진 도형을 옮겨보기도 하고 회전시키거나 뒤집어보면서 재구성하는 과정을 통해 새롭게 상상하는 것은 창의적인 접근입니다.

있는 것에서 출발하여 차근차근 결론을 향해가는 방식과 없는 것을 상상하며 만들어가는 방식, 이 두 가지 모두 매우 중요하고 효과적인 생각의 기술입니다. 우리는 일상에서의 문제를 해결하기 위해 대부분 이 두 가지 방식을 사용합니다. 주어진 상황에 따라 필요한 방식을 선택하고 적용할 수 있다면 가장 좋겠지요. 그렇게 하려면 생각의 기술도 연습이 필요합니다.

정답이 정해져 있지 않은 문제, 정답을 모르는 문제를 나만의 방식으로 풀어내는 것. 바로 거기에 커다란 기회가 숨어있습니다.

원&온리 프라임 넘버

14

악마의 소수

'악마의 소수'라는 이름이 붙은 수가 있습니다. 다음을 볼까요?

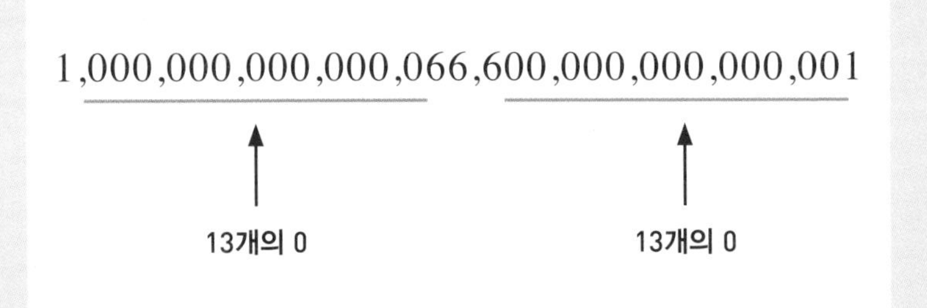

1 다음에 13개의 0이 있고, 666이 이어지고 또다시 13개의 0이 있고 1로 끝나는 수입니다. 길고 긴 이 수는 소수이기도 합니다. 13은 불길하다는 이유로 사람들이 싫어하죠. 이 수에서 0은 13번 반복됩니다. 또《성경》에 등장하는 악마의 수라고 불리는 666까지. 이렇게 기분 나쁘고 불길한 13개의 0과 666, 그리고 또다시 13개의 0으로 만들어진 수가 소수이기까지 하니 더욱 관심을 모읍니다. 게다가 수의 모양이 무언가를 의미하는 듯 대칭을 이루고 있어 왠지 특별함이 느껴집니다.

소수는 1과 자기 자신 외에는 약수를 갖지 않습니다. 수학자들은 소수를 아주 좋아합니다. 영어로 프라임(prime)은 '가장 중요하다'는 뜻, 소수는 '가장 중요한 수'라는 의미를 지니고 있습니다. 실제로 대부분의 수는 2개 이상의 수가 곱해져 만들어진 합성수이고, 소수는 몇 개 되지 않습니다. 소수는 다수가 아닌 소수(小數)이기 때문에 더욱 특별합니다.

소수는 고대 그리스인에게도 관심의 대상이었습니다. 2,300년 전에 쓰여진 유클리드의《원론》에는 '소수가 무한히 많다'는 것이 증명되어 있습니다. 현대 수학에서 사람들의 관심을 가장 많이 받는 이론중 하나인 '리만 가설(Riemann Hypothesis)'도 소수가 어떻게 분포되어 있는지에 관해 설명합니다. 아주 옛날부터 지금까지 수학에서 소수는 항상 흥미를 유발하는 대상입니다.

암호와 소수

소수를 가장 활발하게 이용하는 분야는 바로 암호입니다. 소수의 성질이 암호 제작에 유리하기 때문입니다. 다음과 같은 계산을 한번 볼까요?

$$17 \times 7 = 119$$

17과 7을 곱하면 119가 됩니다. 누구나 쉽게 할 수 있는 계산이죠. 하지만 거꾸로 "119는 어떤 수의 곱일까요?"라고 물어보면 그 두 수를 찾기는 쉽지 않습니다.

$$119 = \square \times \square$$

특히 수가 커지면 더욱 계산이 쉽지 않습니다. 11,927과 20,903은 소수입니다. 이 두 소수의 곱은 계산기를 이용하거나 또는 종이에 적어가면서 천천히 구할 수 있습니다. 답은 249,310,081입니다. 하지만 거꾸로 249,310,081이 어떤 두 수의 곱인지 구하는 문제를 만들어놓으면 그 답으로 11,927과 20,903이라는 소수를 찾아내는 것은 엄두가 나지 않습니다.

이런 소수의 성질 덕분에 암호가 만들어집니다. 암호를 만드는 예를 들어보겠습니다.

나와 친구는 사전에 11,927이라는 소수를 비밀번호로 공유하고 있습니다. 그리고 어떤 문서를 보내면서 249,310,081이라고, 누구나 볼 수 있도록 비밀번호를 적어둡니다. 그럼 친구는 249,310,081을 11,927로 나눈 값인 20,903을 진짜 비밀번호로 사용해 그 문서를 열어볼 수 있습니다. 중간에 누군가 그 문서를 빼돌린다고 해도 진짜 비밀번호를 모르기 때문에 문서를 열 수 없습니다. '249,310,081을 다른 2개의 수로 나누면 진짜 비밀번호가 있을 거야!'라고 생각한다 해도 앞에서 이야기한 것처럼 너무 큰 수이기 때문에, 2개의 소수를 찾아내기는 매우 어렵습니다.

다음에 소개하는 129자리의 수는 소수 2개의 곱입니다. 이때 사전에 p를 공유하고 $p \times q$를 공개적으로 보내서, q를 비밀번호로 사용하게 하는 겁니다.

1143816257578888676692357799761466120102182967212423625625618429357069352457338978305971235639587050589890751475992900268795435 41

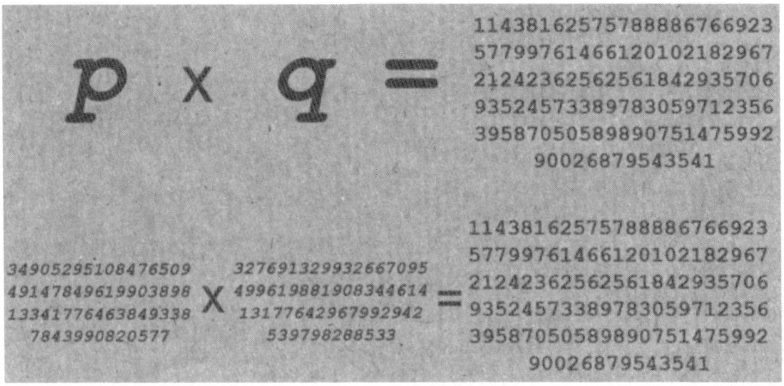

p x q = 114381625757888867669235779976146612010218296721242362562561842935706935245733897830597123563958705058989075147599290026879543541

3490529510847650949147849619903898133417764638493387843990820577 x 32769132993266709549961988190834461413177642967992942539798288533 = 114381625757888867669235779976146612010218296721242362562561842935706935245733897830597123563958705058989075147599290026879543541

메르센 소수

옛날부터 많은 수학자가 소수에 관심을 가졌습니다. 그중에서도 소수를 사랑한 대표적 인물은 앞에서도 소개한 마랭 메르센입니다. 그는 신부였지만, 수학과 과학에 관심이 많았습니다. 그는 2^n-1과 같은 형태의 수를 연구했는데요, 이런 형태의 수가 소수와 관련 있다고 생각했습니다. 가령 3이나 7을 생각해보면 $3=2^2-1$이고 $7=2^3-1$입니다. 또 반대로 소수인 2와 3을 2^n-1의 n에 대입하여 만든 $2^2-1=3$과 $2^3-1=7$이 소수입니다.

소수를 찾는 것은 쉽지 않습니다. 하지만 '소수 p를 이용해서 2^p-1처럼 만들어지는 수가 소수'라는 법칙이 있다면 소수를 쉽게 찾아내는 방법이 될 것입니다. 그래서 그는 다음과 같이 소수를 이용해 2^n-1의 값을 찾아봤습니다.

$2^2 - 1 = 3$	**소수**
$2^3 - 1 = 7$	**소수**
$2^5 - 1 = 31$	**소수**
$2^7 - 1 = 127$	**소수**
$2^{11} - 1 = 2,047$	**소수가 아님**
$2^{13} - 1 = 8,191$	**소수**
$2^{17} - 1 = 131,071$	**소수**
$2^{19} - 1 = 524,287$	**소수**

1에서 20까지 소수 2, 3, 5, 7, 11, 13, 17, 19를 2^n-1의 n에 대입해 만들어진 수들은 대부분 소수였지만, 안타깝게 11에서 $2^{11}-1=2047$은 소수가 아니라는 것이 밝혀졌습니다. 2047이 소수가 아니라는 것이 쉽게 보이지는 않지만, $2,047=23\times89$로 계산할 수 있습니다.

그의 계산식은 점점 알려져 다른 수학자도 많이 이용하게 되었고, 2^n-1의 형태로 만들어지는 수를 '메르센 수', 이 계산으로 나온 수 중 소수인 것을 '메르센 소수'라고 부르게 되었습니다.

수학적으로 2^n-1이 소수면 n은 소수입니다. 예를 들어 127이 소수이면 $127=2^7-1$과 같이 표현할 수 있고, 7도 소수라는 것이죠. 수학자들이 진짜 원한 것은 "n이 소수라면 2^n-1이 소수다"와 같은 예외 없는 법칙이었습니다. 이렇게 되면 큰 소수도 쉽게 만들어낼 수 있으니까요. 하지만 지금 살펴본 것처럼 아쉽게도 이것은 법칙이 되지 못했습니다. 그래도 소수와 2^n-1로 써지는 메르센 수 사이에는 밀접한 관련이 있는 것은 확실합니다.

유명한 메르센 수로는 $2^{67}-1$이 있습니다. 메르센은 이 수를 소수라고 생각했습니다. 하지만 그가 살았던 17세기에는 이 수가 소수인지 아닌지 정확하게 확인할 수 없었는데, 1876년 프랑스 수학자 에두아르 뤼카(Édouard Lucas)가 소수가 아님을 수학적으로 증명했습니다. 수학적으로는 증명했지만, 뤼카는 이 수가 어떤 수의 곱인지는 알 수 없었습니다. 그리고 시간이 흐른 뒤 1903년 10월 31일, 미국 수학자 프랭크 넬슨 콜(Frank Nelson Cole)이 $2^{67}-1=147,573,952,589,676,412,927$이라는 것을 밝혀냈습니다. 그리고 그는 아무 말 없이 다음과 같이 적었다고 합니다.

$$193,707,721 \times 761,838,257,287$$

그는 초등학교에서 배운 곱셈 방식으로 하나하나 일일이 계산을 수행했다고 합니다. 그리고 다음과 같은 결과를 얻었습니다.

$$193,707,721 \times 761,838,257,287 =$$

147,573,952,589,676,412,927

한 시간 가까이 칠판을 가득 채운 계산으로 콜은 $2^{67}-1$이 자신이 제시한 두 수의 곱이라는 사실을 증명했습니다. 청중들은 기립 박수를 보냈습니다. 박수를 치던 청중 가운데 한 사람이 어떻게 2개의 수를 찾아냈냐고 물었더니, 그는 짧게 대답했습니다.

"3년 동안, 매주 일요일마다."

지금도 많은 수학자가 메르센 소수에 대해 연구하고 있습니다. 다만 지금은 콜이 연구한 것처럼 하나하나 손으로 계산하지는 않고, 컴퓨터를 활용합니다. 더 효과적인 알고리즘을 만드는 것이 주요 관심이죠. 2017년 12월에는 50번째 메르센 소수가 발견되었는데요, 2^n-1의 형태에서 $n=74,207,281$이라고 합니다.

$$2^{74,207,281}-1$$

50번째 메르센 소수는 자릿수가 무려 2,323만 9,425개입니다.

이 뉴스를 취재했던 한 기자는 새로운 소수를 이렇게 표현했습니다. "6,000개 자릿수를 한 페이지에 빼곡하게 담더라도 이 수를 다 기록하려면 무려 3,875페이지가 필요합니다. 380쪽짜리 책이라면 이 수를 기록하는 데 열 권의 책이 필요합니다."

신기한 소수들

자릿수가 많은 큰 소수만이 아니라 특별한 형태를 가진 소수도 사람들의 관심을 모읍니다. 특별한 형태의 소수 몇 개를 살펴보겠습니다. 첫 번째로 살펴볼 수는 소수 2, 3, 5, 7, 11, 13, 17, 19, 23, 29, 31, 37을 다음과 같이 배열해 만들어진 수입니다. 이 식의 답 역시 소수입니다.

2, 3, 5, 7, 11, 13, 17, 19, 23, 29, 31, 37**은 모두 소수**

$2^3 + 5^7 + 11^{13} + 17^{19} + 23^{29} + 31^{37}$**은 소수**

이 식은 특별한 공식으로 완성되었다기보다는 우연한 일치로 보는 것이 맞습니다. 이 같은 우연을 예상할 순 없지만 이런 관계의 수를 생각해보고, 소수인지 아닌지 확인하려 도전하는 사람들이 정말 괴짜입니다. 괴짜들 덕분에 우리는 재미있는 수와 식을 경험하게 됩니다.

또 다른 특별한 소수는 4,567입니다. 이 수는 연속으로 써서 만들어진 네 자릿수로, 그렇게 연속으로 만들어지는 네 자릿수 중 유일한 소수입니다.

4,567은 소수

연속으로 써서 소수가 되는 두 자릿수로는 23, 67, 89가 있습니다. 앞에서 $2^{11}-1=2{,}047=23\times89$는 소수가 아니라고 이야기했는데요, 연속으로 써서 소수가 되는 두 자릿수에 우연히도 소수 23과 89가 등장합니다.

연속으로 써서 세 자릿수를 만들면 이 수들은 모두 3의 배수입니다. 가령 123, 234, 345, 456…은 모두 3의 배수인 것이죠. 어떤 수가 3의 배수인지 아닌지 판정하는 방법은 각 자릿수의 수를 모두 더한 값이 3의 배수인지 아닌지 확인하는 것입니다. 각 자릿수의 수를 모두 더한 값이 3의 배수이면 그 수는 3의 배수이고 3의 배수가 아니면 그 수는 3의 배수가 아닙니다.

$$123 \rightarrow 1 + 2 + 3 = \underline{6}\ \text{3의 배수}$$
$$234 \rightarrow 2 + 3 + 4 = \underline{9}\ \text{3의 배수}$$

연속하는 세 자리 수

$$n(n+1)(n+2) \rightarrow n + (n+1) + (n+2) = 3n + 3$$
$$= \underline{3(n+1)}\ \text{3의 배수}$$

연속으로 써서 만들어지는 네 자릿수 중에는 4,567만이 유일하게 소수입니다. 1234, 2345, 3456, 5678, 6789, 7890은 소수가 아닙니다. 4,567이 유일합니다.

다음에 소개하는 특별한 소수는 다음과 같이 만들어집니다. 4를 한 번, 3을 두 번, 2를 세 번, 그리고 1을 네 번 쓰세요. 이렇게 완성된 수도 소수입니다.

4,332,221,111**은 소수**

다음과 같이 6개의 수가 있습니다. 이 수들은 6개의 수 중 하나를 잡아서 각 자리의 수를 회전하며 만든 것입니다. 예를 들어, 193,939에서 시작하면 그다음엔 첫 번째 1을 맨 뒤로 보내서

939,391을 만드는 것이죠. 이렇게 첫 번째 수를 맨 뒤로 보내는 과정을 반복하면 6개의 수를 얻을 수 있는데요, 이 수들이 모두 소수입니다.

다음과 같은 수도 있습니다.

82818079787776757473727170696867666
56463626160595857565554535251504948
47464544434241403938373635343332313
02928272625242322212019181716151413
121110987654321

이 수는 82부터 시작해 아래로 82, 81, 80, 79… 3, 2, 1까지를 차

례로 써서 만든 수로, 역시 소수입니다. 소수는 신기하고 재미있습니다.

다음과 같은 식으로 완성되는 수도 소수입니다.

$$19^0 + 19^1 + 19^2 + \cdots + 19^{18}$$

19의 0승부터 18승까지 19개의 수를 더한 값은 소수입니다. 이런 것을 찾는 사람을 보면 황당하기도 하고 재미있기도 하죠. 사실 요즘은 컴퓨터의 도움으로 이런 수를 찾는 것이 그리 어려운 일은 아닙니다. 이런 소수를 찾는 과정에서 새로운 알고리즘을 생각하기도 하고 더 효율적인 계산 방법을 고안하기도 한다면 그 과정은 매우 실용적인 연구가 됩니다.

어떤 사람은 799,999,999가 소수라는 사실에 놀라기도 하고, 어떤 사람은 1,001이 소수가 아니라는 사실에 놀라기도 합니다. 사람들이 가장 큰 배신감을 느끼는 수는 51입니다. 51은 소수처럼 보이지만 소수가 아닙니다.

51은 소수가 아님

51=17×3입니다. 51에 대해서는 5+1=6이기 때문에 3의 배수라는 것을 쉽게 생각할 수 있습니다. 하지만 보이는 모습이 왠지 소수 같아서 많은 사람이 51을 소수라고 생각하고는 소수가 아니라는 사실을 알면 배신감을 느낀다고 합니다. 수에 첫인상이 있다니, 재미있습니다.

생각의 기술

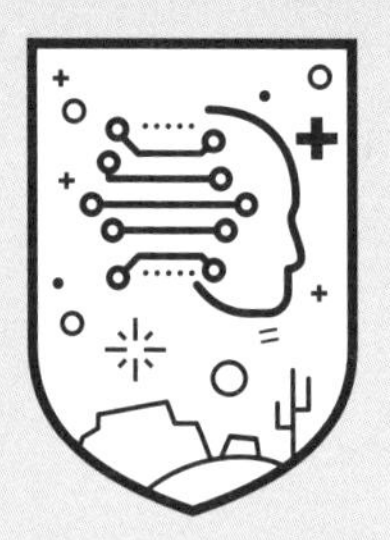

15

실제 모습으로 그리기

"계산식 $3 \times 4 = 4 \times 3$과 다음 그림의 관계를 설명하세요."

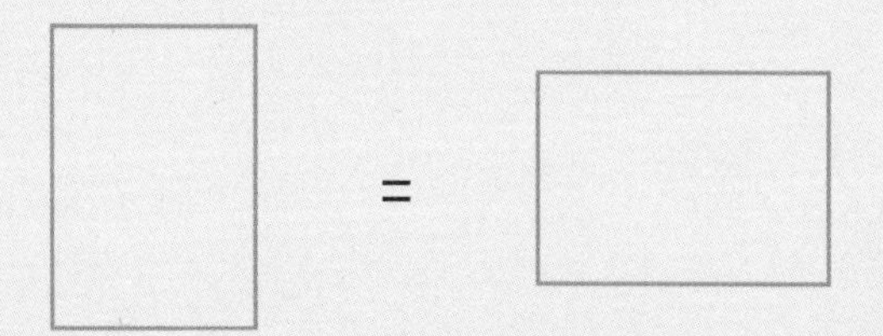

이 문제는 우리나라의 대학 수학 능력 시험 같은 프랑스의 대학 입학 자격시험인 바칼로레아(Baccalauréat)에 출제된 문제입니다.

논술 시험에서는 어떻게 풀어나가야 높은 점수를 받는지 모르겠지만, 대부분 일단 이렇게 설명하겠지요.

"사각형의 가로세로 길이가 각각 3, 4이면 사각형의 면적은 3×4입니다. 사각형을 옆으로 돌려보면 가로세로가 4, 3이고, 면적이 4×3이죠. 사각형을 돌렸다고 해서 면적이 달라지는 것은 아니니까, $3\times 4=4\times 3$이라고 할 수 있습니다."

즉, 개념으로 설명된 수식 $3\times 4=4\times 3$을 구체적인 모습, 즉 그림이라는 실재하는 형태로 표현하는 방식입니다.

수학이라는 학문을 떠올리면 어려운 수와 기호가 나열된 추상적이고 개념적인 이미지가 떠오릅니다. 사실 추상적이고 개념적인 대상은 다루기도, 이해하기도 어렵습니다. 그래서 많은 학생이 수학에 흥미를 잃고 수포자가 되어버립니다. 이렇게 추상적인 개념을 다룰 때에는 구체적 모습, 즉 형태를 생각하면서 이해하면 좋습니다. 수학을 쉽게 배우는 방법이지요.

"a, b가 모두 양의 정수이고 $a+b=10$일 때
$a\times b$의 최댓값을 구하세요"

이 문장은 모두 개념적 단어로 이뤄져 있습니다. 역시 개념적으로 접근하며 풀어보겠습니다.

문제를 풀기 위해 우선 다음과 같은 공식을 생각해보겠습니다.

$$a > 0, b > 0 \text{ 일 때 } \frac{a+b}{2} \geq \sqrt{ab}$$

등호는 $a = b$일 때, 성립함

이 공식에 대한 증명은 다음과 같이 제시할 수 있습니다.

$a, b > 0$ 일 때,

$$(\sqrt{a} - \sqrt{b})^2 \geq 0$$
$$a - 2\sqrt{ab} + b \geq 0$$
$$a + b \geq 2\sqrt{ab}$$
$$\frac{a+b}{2} \geq \sqrt{ab}$$

이 공식에 $a+b=10$을 대입해 생각하면 $\frac{a+b}{2} = \frac{10}{2} = 5 \geq \sqrt{ab}$이므로 ab의 최댓값은 25입니다.

어떤가요? 이해가 잘되는 친절한 풀이인가요? 이렇게 개념적이고 추상적인 식으로 증명하는 풀이는 거기에 익숙지 않은 사람에게는 너무 어렵습니다. 사실 학생들이 수학을 포기하는 이유도 학교에서 이렇게 추상적으로만 설명하기 때문입니다. 앞의 질문을 다시 한번 보겠습니다.

"a, b가 모두 양의 정수이고 $a+b=10$일 때,
$a \times b$의 최댓값을 구하세요"

이 문제를 풀기 위해 $a \times b$에 해당하는 실제 모양을 하나 그려보겠습니다. 눈에 보이지 않는 연산을 눈에 보이는 구체적 형태로 만들면 훨씬 더 접근이 쉬워집니다. $a \times b$를 표현하는 가장 단순한 모델은 두 변이 a와 b인 사각형입니다. $a \times b$는 그 사각형의 면적이죠.

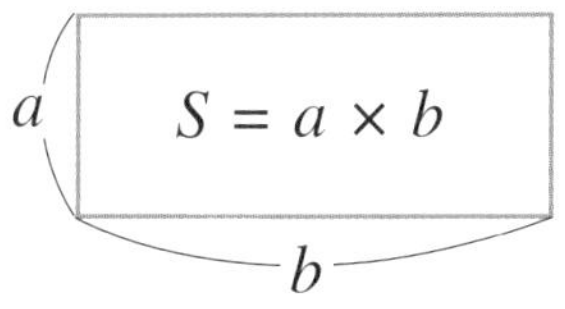

a | $S = a \times b$ | b

$a+b=10$이라는 것은 사각형 둘레가 20으로 일정한 값을 갖는다는 것을 의미합니다. 그러니까 이 질문은 "사각형 둘레가 일정할 때 사각형의 면적이 최대가 되기 위해서는 어떤 모양의 사각형이어야 하는가?"라는 질문으로 바꿔서 생각할 수 있습니다.

추상적이던 문제를 이렇게 구체적 형태로 바꿔놓고 보면, 사각형을 몇 개 그려보는 것만으로도 아이디어를 얻을 수 있습니다. a,

b가 양의 정수라고 했으니 1, 2, 3…이렇게 순서대로 넣어보는 것이죠. 다음 2개의 사각형을 비교해볼까요? 하나는 $a=1$, $b=9$인 직사각형이고, 다른 하나는 $a=5$, $b=5$인 정사각형입니다.

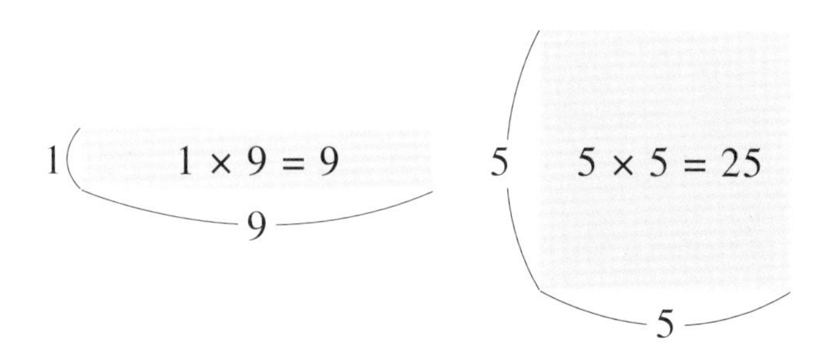

이렇게 구체적으로 생각해보면 $a+b=10$일 때, $a \times b$가 최대가 되는 것은 $a=b=5$인 경우이고, 최댓값은 25라는 것을 알 수 있습니다. 머릿속에 모양을 그려가며 이해하고 그 다음, 수식을 써가며 증명해 보이면 학생들도 더 쉽고 확실하게 이해할 수 있지 않을까요?

눈에 보이는 모습으로 바꾸기

조금 어려운 문제 하나를 풀어보겠습니다. 문제를 직접 풀지 않더라도 이런 해결 방식을 따라가보는 것만으로 재미있습니다. 추상적인 수식을 구체적인 형태로 바꿔서 생각하는 연습이라고 보면 좋습니다.

"x, y, z, w는 모두 양의 정수이고, $x+y+z+w=60$일 때,

$xy+yz+zw$의 최댓값을 구하세요."

이 문제는 아주 어렵습니다. $xy+yz+zw$의 구체적 모습은 어떨까 먼저 생각해보겠습니다. xy는 가로세로가 각각 x와 y인 사각형의 면적이고, yz는 가로세로가 각각 y와 z인 사각형의 면적이라고 생각하면 $xy+yz$는 이런 그림으로 그려볼 수 있습니다.

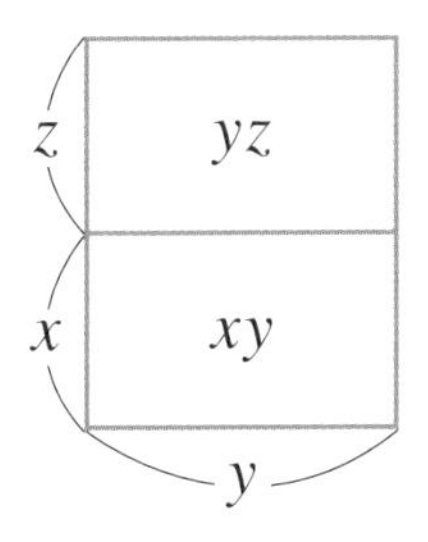

같은 방법으로 $xy+yz+zw$를 사각형 면적이라고 생각하면, 구체적으로 이런 그림을 생각할 수 있습니다.

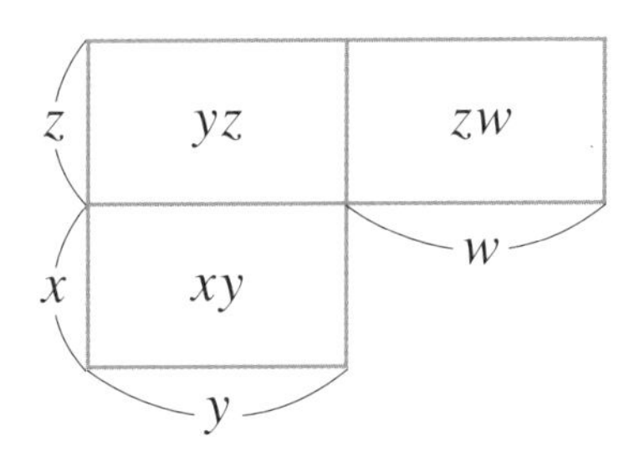

이제 문제를 이렇게 바꿔서 생각해봅니다.

"아래 그림에서 $x+y+z+w=60$으로 둘레가 일정할 때, 다음 색칠한 부분을 뺀 나머지 넓이가 가장 큰 경우를 찾으세요."

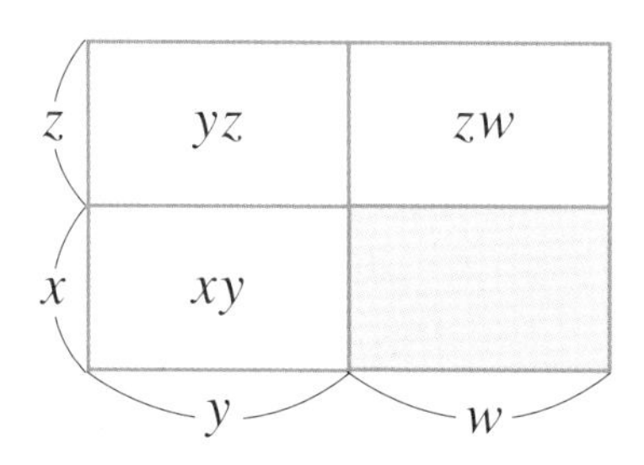

문제에서 x, y, z, w는 모두 자연수입니다. 자연수 중 가장 작은 값은 1이죠. 따라서 색칠한 사각형의 넓이가 최소가 될 때는 $x=w=1$이고, 그 값은 1입니다. 이제 우리는 다음과 같은 그림에서 전체 사각형이 가장 넓이가 크게 되는 경우를 찾으면 됩니다. 전체 사각형의 넓이에서 1을 뺀 것이 우리가 구하는 답이 되겠죠.

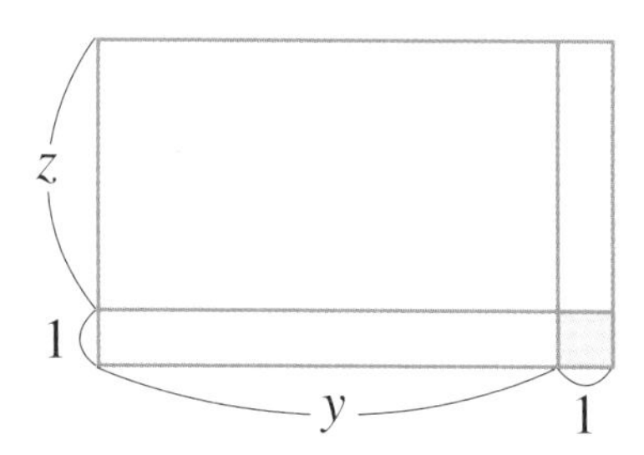

앞선 문제에서 '둘레가 일정한 사각형의 넓이는 두 변의 길이가 같은 정사각형일 때 최대가 된다'는 것을 확인했습니다. 따라서 지금 우리가 보고 있는 전체 사각형은 정사각형이어야 최대 넓이가 됩니다.

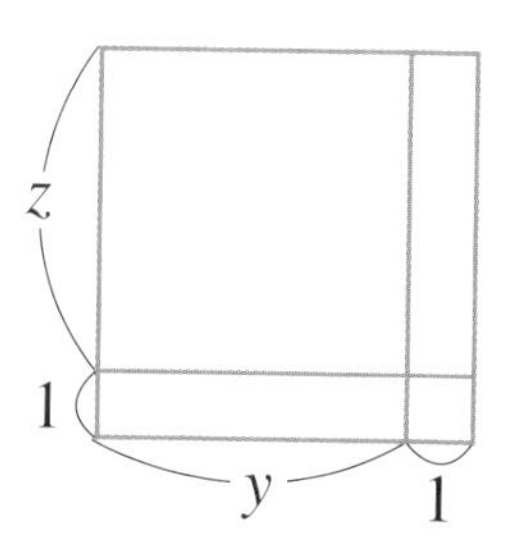

전체 사각형이 정사각형이 되기 위해서는 $1+z=y+1=30$이어야 합니다. 즉 $y=29$, $z=29$입니다. 우리가 찾는 $xy+yz+zw$의 최대값은, 큰 정사각형-작은 정사각형이므로 $30\times30-1=900-1=899$입니다.

수학과 일상

수학은 일상의 문제를 수와 식, 또는 도형과 같은 수학적 언어로 표현하는 것입니다. 그리고 수학적 방법을 통해 해결하죠. 실재하는 현상, 구체적 모습을 추상화해 해결안을 찾는 것이 수학입니다. 때로는 반대로 추상적 문제의 해결이 막혔을 때는 그것의 구체적 모습을 하나 그려보는 것도 효과적입니다.

모습이 그려지지 않는 모호한 문제는 해결하기도 어렵고, 내 생각이 맞는지 확인하기도 어렵습니다. 수학이 추상적인 연산만 하는 학문이라면 공허하게 느껴지겠지요. 학교에서 수학 시간에 이런 추상적 연산만을 기계적으로 반복하다 보면 아이들은 당연히 수학에 흥미를 잃어버립니다. 일상의 문제도 마찬가지죠.

구체적인 것은 개념을 만들어 추상화해보고, 추상적인 것은 구체적인 형태를 찾아보는 것은 놀랍도록 효과적인 생각의 기술입니다. 이를 두고 철학자 칸트는 이렇게 말했습니다.

"직관 없는 내용은 공허하고, 내용 없는 직관은 맹목이다."

수학 천재의 비밀

16

불길한 수 1,729

"병원으로 오는 길에 택시를 탔는데 차번호가 1,729였어. 13의 배수라니 조금 불길해."

침대에 누워서 하디의 말을 들은 라마누잔은 대답했습니다. "1,729는 매우 흥미로운 수예요. 서로 다른 두 가지 방법으로 두 양수의 세제곱의 합이 되는 가장 작은 수이니까요."

$$1{,}729 = 7 \times 13 \times 19$$

$$\begin{aligned} 1{,}729 &= 1^3 + 12^3 \\ &= 9^3 + 10^3 \end{aligned}$$

수학자 라마누잔이 병원에 입원해 있을 때 병문안을 온 그의 스승 하디와 나눈 대화입니다. 자신이 타고 온 택시의 번호가 마음에 걸린다는 말을 툭 던졌더니, 라마누잔이 듣자마자 그 수에 대한 계산을 마치고 1,729가 얼마나 특별한 수인지 줄줄줄 설명해버린 것이죠. 하디는 불길한 수로 여겨지는 13에 집중해 머릿속으로 이런 계산을 했을 겁니다.

$$1{,}729 = 7 \times 13 \times 19 = 13 \times 133$$

아마 13이 반복된다는 점이 불길하다고 생각했겠지요. 수학자들의 대화치고는 좀 우습기도 합니다.

1,729에 대한 라마누잔과 하디의 이 대화가 유명해진 후, 사람들은 1,729를 '택시 넘버'라 부르며, 이 수의 특별한 성질을 기억하게 되었습니다.

1,729는 서로 다른 두 가지 방법으로 두 양수의 세제곱의 합이 되는 가장 작은 수이고, 이런 조건을 만족시키는 가장 큰 수는 885,623,890,831입니다.

$$885,623,890,831 = 7,511^3 + 7,730^3$$
$$= 8,759^3 + 5,978^3$$
$$= 3,943 \times 14,737 \times 15,241$$

한 가지 전제 조건은 지금 우리가 이야기하는 모든 수는 양의 정수라는 것입니다. 음수를 적용하면 경우의 수가 늘어나 이야기가 조금 복잡해집니다. 가령 1,729가 서로 다른 두 가지 방법으로 두 수의 세제곱의 합이 되는 가장 작은 수라고 했는데, 음의 정수까지 고려하면 91을 생각할 수 있습니다. 91은 다음과 같은 계산으로 나옵니다.

$$91 = 4^3 + 3^3 = 6^3 + (-5)^3$$

음의 정수까지 확장해 생각하면 서로 다른 두 가지 방법으로 두 수의 세제곱의 합이 되는 가장 작은 수는 91입니다. 재미있는 것은 앞에서 살펴본 것처럼 91은 1,729의 약수이고, 91을 뒤집은 수 19과 곱하면 1,729가 된다는 사실입니다.

$$1{,}729 \rightarrow 1 + 7 + 2 + 9 = 19$$

$$19 \leftrightarrow 91$$

$$19 \times 91 = 1{,}729$$

영화 같은 인생

영화 〈굿 윌 헌팅(Good Will Hunting)〉을 보면 학교에 다닌 적도 없는 청소 직원이 MIT 수학과 대학원생도 풀지 못하는 수학 문제를 척척 풀어냅니다. 정규교육을 받은 적도 없는 가난한 청년이 수학책 하나를 사서 혼자 공부하며 세계적 난제를 풀기도 하죠. 이런 말도 안 되는 스토리에 영감을 준 사람이 바로 천재 수학자 라마누잔입니다.

1887년, 영국 식민지 아래의 인도에서 태어난 라마누잔은 어려운 가정 형편으로 정규교육을 받지는 못하지만, 수학에 대한 열정으로 혼자서 수학을 공부합니다.

그는 노트를 많이 쓰는 것조차 아까웠는지 풀이 과정은 생략하고 짧은 결론만 담은 방대한 연구 결과를 노트에 적어 영국 최고의 수학자들에게 보냈습니다. 대부분의 수학자는 결론만 적혀 있는 그의 노트를 무시했지만, 당대 최고 수학자 중 한 명이던 하디(G. H. Hardy)는 그의 연구를 눈여겨보고, 그를 케임브리지로 초대해 함께 연구를 시작합니다.

하디와 라마누잔은 몇 년간의 공동 연구를 통해 획기적인 성과를 냈고, 마침내 라마누잔은 1918년 인도인으로는 처음으로 영국 왕립학회 회원으로 선출되었습니다. 하지만 천재는 단명한다는 말을 증명하듯 라마누잔은 인종차별과 영국의 추운 날씨에 적응하지 못하고 32세의 나이로 요절합니다. 짧은 생을 살았지만, 그가 남긴 많은 노트에는 독창적이고 파격적인 내용이 많아 지금까지도 많은 사람이 연구하고 있습니다.

라마누잔의 천재성을 알게 해주는 문제를 하나 소개합니다.

$$\sqrt{1+2\sqrt{1+3\sqrt{1+4\sqrt{1+\cdots}}}}=X$$

주어진 식을 보면 일정한 규칙을 지닌 형태는 눈에 들어오지만 '이렇게 진행되는 식이 특정한 값을 가질까?' 하는 생각이 듭니다. 라마누잔은 의심하는 사람들에게 다음과 같은 계산을 보여주었습니다.

$$\begin{aligned}3 &= \sqrt{9}\\ &= \sqrt{1+8}\end{aligned}$$

$$= \sqrt{1 + 2 \times 4}$$
$$= \sqrt{1 + 2\sqrt{16}}$$
$$= \sqrt{1 + 2\sqrt{1 + 15}}$$
$$= \sqrt{1 + 2\sqrt{1 + 3 \times 5}}$$
$$= \sqrt{1 + 2\sqrt{1 + 3\sqrt{25}}}$$
$$= \sqrt{1 + 2\sqrt{1 + 3\sqrt{1 + 4 \times 6}}}$$
$$= \sqrt{1 + 2\sqrt{1 + 3\sqrt{1 + 4\sqrt{1 + \cdots}}}}$$

따라서 위의 식은 이렇게 다시 쓸 수 있습니다.

$$3 = \sqrt{1 + 2\sqrt{1 + 3\sqrt{1 + 4\sqrt{1 + \cdots}}}}$$

그러니 앞에서 제시한 문제의 값은 $X=3$입니다. 라마누잔은 이런 식으로 직관적인 계산을 한 것으로 유명합니다. 정말 놀라운 재능입니다. 보통 천재 신화는 처음엔 순수한 존경과 감탄에서 시작해 시간이 흐르고, 더 많은 사람에게 회자되면서 점점 더 신격화되는 경향이 있습니다. 이 문제 역시 그렇습니다.

애초에 $\sqrt{1+2\sqrt{1+3\sqrt{1+4\sqrt{1+\cdots}}}}$에서 시작한 것이 아니라 3에서 시작해 $3=\sqrt{9}$로 표현했고, 다음과 같은 관계를 연속적으로 풀어가며 완성한 식입니다.

$$n^2 - 1 = (n - 1)(n + 1)$$
$$n^2 = 1 + (n - 1)(n + 1)$$
$$n^2 = 1 + (n - 1)\sqrt{(n + 1)^2}$$

제곱근 안에 있는 $(n+1)^2$도 같은 방법으로 전개하면 $(n+1)^2 = 1+n\sqrt{(n+2)^2}$이 됩니다. 이런 식으로 반복해서 무한히 전개할 수 있는 거죠.

그럼에도 이런 식을 자유롭게 생각한다는 것은 역시 다시 봐도 놀랍습니다.

천재성의 비밀

아무리 놀라운 능력을 지닌 천재라 해도 $X=\sqrt{1+2\sqrt{1+3\sqrt{1+4\sqrt{1+\cdots}}}}$라는 문제를 보고 머릿속으로 뚝딱 $X=3$과 같은 답을 생각해 낼 수는 없습니다.

라마누잔은 이 문제와 상관없이 $3=\sqrt{9}$로 표현한 적이 있었고, 이 식에 대해 고민한 적이 있었습니다. 그리고, 그 관계를 연속적으로 적용해 $3=\sqrt{1+2\sqrt{1+3\sqrt{1+4\sqrt{1+\cdots}}}}$와 같은 계산을 해낸 것이죠.

$\sqrt{1+2\sqrt{1+3\sqrt{1+4\sqrt{1+\cdots}}}}=3$과 $3=\sqrt{1+2\sqrt{1+3\sqrt{1+4\sqrt{1+\cdots}}}}$이라고 계산하는 것. 두 가지는 전혀 다른 문제입니다.

앞서 이야기한 택시 넘버도 마찬가지죠. 천재라고 1,729라는 수를 듣는 순간 머릿속으로 계산기가 차르르 돌아가면서

$1{,}729 = 1^3 + 12^3 = 9^3 + 10^3$과 같은 계산을 해내는 것은 아닙니다. 라마누잔은 그 전에 1,729에 관한 연구를 이미 한 적이 있었습니다. 세제곱의 합으로 표현하는 다양한 수에 관한 연구를 한 그는 이미 1,792가 특별한 수라는 것을 알고 있었고, 마침 택시를 타고 온 하디가 1,729를 화두로 던진 것입니다. 그러자 라마누잔은 이미 머릿속에 들어 있던 이야기들을 꺼내어 보여준 것이죠.

라마누잔을 특별한 수학자로 기억하는 이유는 그의 천재성 때문만은 아닙니다. 굴곡진 그의 인생이 천재성을 더욱 빛나게 했습니다. 그는 인도에서 최상위 계급인 브라만의 혈통으로 태어났지만, 가난한 가정환경으로 정규교육을 받을 수 없었습니다. 하지만 오직 수학에 대한 열정으로 혼자 공부하고, 최고의 수학자들도 상상하기 어려운 연구 결과를 도출해냈습니다. 그 연구들은 그의 노트에 적힌 채 그냥 사라질 뻔했지만, 영국 케임브리지 대학교 최고의 수학자이던 하디의 초청을 받으며 세상에 알려지고, 꽃을 피우는 기회를 얻은 것이죠.

그는 종교적 이유로 먹을 수 없는 음식이 많았습니다. 따라서 영양 상태가 좋지 않았고, 고향과 달리 춥고 습한 영국 날씨는 그를 더욱 힘들게 했습니다. 1914년경의 영국은 인종차별도 심했습니다. 더구나 식민지에서 온 동양의 젊은이, 정규교육도 받지 못한 그가 경이로운 연구 결과를 뚝딱 내놓는 것을 본 다른 교수와 박사들은 그를 시기하고 질투했습니다. 너무나 짧았던 인생, 신체적·정신적으로, 고통 받은 그의 삶은 너무나 드라마틱했습니다. 실제로 라마누잔의 삶은 영화 〈무한대를 본 사나이〉로 만들어져 세계적으로 흥행했습니다.

자연수의 합

신비로운 수학자 라마누잔이 소개한 특별한 식 하나를 더 소개합니다.

$$1 + 2 + 3 + 4 + 5 + 6 + 7 \cdots = -\frac{1}{12}$$

라마누잔은 뜬금없이 모든 자연수의 합이 $-\frac{1}{12}$이라고 주장하기도 했습니다. 별다른 근거도 없는 황당한 주장과 함께 그는 이러한 증명을 해 보였습니다. 먼저 우리가 구하는 자연수의 합을 S라고 하겠습니다.

$$S = 1 + 2 + 3 + 4 + 5 + 6 + 7 + \cdots$$

다음과 같은 S_1과 S_2도 한번 생각해보겠습니다.

$$S_1 = 1 - 1 + 1 - 1 + 1 - 1 + \cdots$$

$$S_2 = 1-2+3-4+5-6+7-8+\cdots$$

S_1은 다음과 같이 계산하면 그 값이 $\frac{1}{2}$이 됩니다.

$$\begin{array}{rl} S_1 = & 1-1+1-1+1-1+1-\cdots \\ +\ S_1 = & \quad 1-1+1-1+1-1+\cdots \\ \hline 2S_1 = & 1 \end{array}$$

따라서, $S_1 = \frac{1}{2}$입니다.

S_2의 값도 같은 방법으로 계산하면 그 값이 $\frac{1}{4}$이 됩니다

$$\begin{array}{rl} S_2 = & 1-2+3-4+5-6+7-8+\cdots \\ +\ S_2 = & \quad 1-2+3-4+5-6+7-8+\cdots \\ \hline 2S_2 = & 1-1+1-1+1-1+\cdots\cdots = S_1 \end{array}$$

$$S_2 = \frac{1}{2}S_1 = \frac{1}{2} \times \frac{1}{2} = \frac{1}{4}$$

$S-S_2$를 계산해보면

$$\begin{aligned} S-S_2 = & \ 1+2+3+4+5+6+7+ \\ & -(1-2+3-4+5-6+7-\cdots) \\ = & \ 0+4+0+8+0+12+0+\cdots \\ = & \ 4(1+2+3+4+5+\cdots) \\ = & \ 4S \end{aligned}$$

따라서 $S-S_2=4S$이고, 이를 정리하면 $S = -\frac{1}{3}S_2$입니다.

$S_2 = \frac{1}{4}$이므로 $S = -\frac{1}{12}$입니다.

즉

$$1 + 2 + 3 + 4 + 5 + 6 + 7 \cdots = -\frac{1}{12}$$

정말 맞을까요? 너무 이상한 결론입니다. 엉터리 같은 계산이지만, 이 계산 결과는 특별한 의미가 있습니다.

수학자들이 연구하는 다음과 같은 함수가 있습니다. 리만 가설이라고도 하는 '리만 제타 함수(Riemannian zeta function)'는 소수의 분포와도 관련 있는, 다양한 의미를 찾을 수 있습니다.

$$\zeta(s) = \sum_{n=1}^{\infty} \frac{1}{n^s}$$

이 함수는 $s > 1$인 경우에 수렴합니다. 그래서 대부분의 수학자는 $s > 1$인 경우만 다룹니다. 그런데 라마누잔이 찾아낸 결과는 이 함수에 $s = -1$을 대입해 자연수의 합이 되는 특별한 경우였습니다. 합리적이고 상식적인 사람이라면 자연수를 모두 더한 값이 $-\frac{1}{12}$라는 황당한 결과를 받아들이지 못하는 게 당연합니다.

라마누잔의 증명 과정은 늘 이런 식이었습니다. 그가 자신의 연구를 사람들에게 알리기 시작한 1914년경에는 하디를 제외한 다른 수학자 어느 누구도 그를 받아들이지 못했습니다. 기존의 이론에서 출발하여 결과를 도출하는 기존의 방식이 아닌, 알 수 없는 방법으로 획기적 결과를 계속 내놓는 그는 상식적이지도 합리적이지도 않았습니다.

현재를 살아가는 우리는 합리적이고 상식적이라는 말이 어쩌면 고정관념일 수 있다는 걸 이해합니다. 라마누잔이 지금 시대에 등장했다면 그는 어려운 환경에서 탄생한 창의적인 수학자로 엄청난 스타가 되었을지도 모르죠.

팀 페리스의 책《타이탄의 도구들》에는 다음과 같은 글이 나옵니다. 옛날에도, 지금을 살아가는 우리에게도 중요한 깨달음을 줍니다.

> "당신이 대단한 성취를 이루지 못했다고 느낀다면 그것은 당신이 너무나 합리적이고 상식적인 사람이었기 때문이다."

특별한 수 1,089

17

특별한 성질을 갖는 수

살다 보면 이유는 모르지만 사람들이 좋아하는 수가 있고, 관심을 끄는 특별한 수도 있습니다. 여러분은 개인적으로 어떤 수가 가장 특별하다고 생각하나요? 제가 알고 있는 몇 가지 특별한 수를 소개합니다.

① 3,435

이 수는 각 자릿수의 숫자에 자신의 제곱한 것들의 합과 같습니다. 다음과 같은 관계가 성립하는 것이죠. 이런 관계를 만족시키는 유일한 수입니다.

$$3{,}435 = 3^3 + 4^4 + 3^3 + 5^5$$

② 145

145는 다음과 같은 관계가 성립합니다.

$$\begin{aligned} 145 &= 1! + 4! + 5! \\ &= 1 + 24 + 120 \end{aligned}$$

이런 관계를 만족시키는 수는 1, 2, 145, 40,585 이렇게 4개뿐이라고 합니다.

③ 1,634

1,634는 네 자릿수인데요, 4를 이용해 다음과 같은 관계가 성립합니다.

$$1{,}634 = 1^4 + 6^4 + 3^4 + 4^4$$

비슷한 경우로, 153은 $153=1^3+5^3+3^3=1+125+27$과 같은 관계를 갖습니다. 153은 세 자릿수이기 때문에 세제곱에서 이런 관계가 성립했다면 1,634는 네 자릿수이고 네제곱에 관해 같은 관계가 성립하는 수입니다. 이런 성질의 수를 특별하게 생각하는 사람들은 나르시스틱 넘버(narcissistic number)라고 부릅니다. 이런 관계를 만족하는 수는 몇 개 더 찾을 수 있는데, 일곱 자릿수로 이런 관계를 만족하는 수가 있습니다. 9,926,315는 일곱 자릿수이고, 다음과 같은 관계가 성립합니다.

$$9{,}926{,}315 = 9^7 + 9^7 + 2^7 + 6^7 + 3^7 + 1^7 + 5^7$$

④ 262,144

특별한 수를 이야기할 때 꼭 등장하는 수입니다. 이 수는 다음과 같은 관계를 갖습니다.

$$262{,}144 = \sqrt{2^{6^{2^{1^{4^{4}}}}}}$$

⑤ 2,520

{1, 2, 3, 4, 5, 6, 7, 8, 9}의 최소공배수는 2,520입니다. 그리고 2,520은 일주일 7일, 한 달 30일 그리고 1년 12개월의 7, 30, 12를 곱한 값이기도 합니다.

$$2{,}520 = 7 \times 30 \times 12$$

1년은 365일인데요, 365도 특별한 수입니다. 365는 다음과 같은 관계를 갖습니다.

$$365 = 10^2 + 11^2 + 12^2 = 13^2 + 14^2$$

이것은 '한 변의 길이가 10, 11, 12인 정사각형 넓이를 합한 것과 한 변의 길이가 13, 14인 정사각형 넓이를 합한 값이 365로 같다' 식으로 표현할 수도 있습니다.

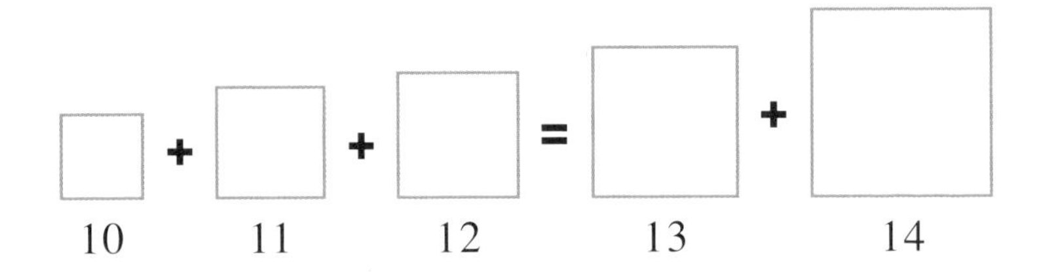

마술 같은 수 1,089

그중에서도 가장 흥미롭고 특별한 수 1,089의 이야기를 시작하겠습니다. 1,089로는 흥미로운 마술을 연출할 수 있는데요, 마술을 연출하기 전에 이 수가 16장에서 라마누잔과 하디의 대화에 등장한 택시 넘버 1,729와 관련이 있다는 이야기로 시작하면 좋습니다. 1,089와 1,729는 1,089의 약수들의 합이 1,729라는 관계가 있습니다.

1,089 = {1, 3, 9, 11, 33, 99, 121, 363, 1,089}

1,729 = 1 + 3 + 9 + 11 + 33 + 99 + 121 + 363 + 1,089

1,089로 마술을 연출하는 방법은 이렇습니다. 일단 임의의 세 자릿수를 하나 선택해보세요. 가령 123을 생각해볼까요? 이 수의 순서를 거꾸로 뒤집으세요. 123을 거꾸로 하면 321입니다. 큰 수에서 작은 수를 빼보시죠. 321-123 = 198. 또 이 수를 거꾸로 해서 이번에는 두 수를 더해보세요. 198을 거꾸로 하면 891이고, 198+891 = 1,089입니다. 어떤 조합의 세자릿수를 선택해도 지금의 과정을 적용하면 1,089라는 같은 값을 얻습니다.

123	세 자릿수 하나를 쓴다
321	그 수를 거꾸로 쓴다
198	큰 수에서 작은 수를 뺀다(321-123)
891	그 수를 거꾸로 쓴다
1,089	앞의 두 수를 더한다(198+891)

732로 다시 검증해보겠습니다.

$$732 - 237 = 495$$

$$495 + 594 = 1,089$$

단, 앞뒤가 같은 수를 선택하면 안 됩니다. 가령 232처럼 앞뒤가 같은 수를 선택하면 거꾸로 해도 같은 수가 나오게 되어 첫 번째 단계의 값이 0이 나옵니다 이번에는 세 자릿수 546을 선택했다고 해보시죠. 문제에서 제시한 과정은 다음과 같습니다.

$$645 - 546 = 99$$
$$99 + 99 = 198$$

그런데 결론이 1,089가 아닙니다. 이럴 때는 조금 다른 접근이 필요합니다. 99는 세 자릿수가 아니므로 세 자리로 만들기 위해 099로 생각해야 합니다. 그렇게 하면 1,089라는 같은 결론을 얻습니다.

$$645 - 546 = 099$$
$$990 + 99 = 1{,}089$$

1,089 증명 이해하기

이제 모든 계산에서 1,089라는 값을 얻는 이유에 대해 살펴보겠습니다. 이 풀이는 과정이 독특해서 수학에 대한 이해를 넓히고 지적 자극을 줍니다. 먼저 세 자릿수를 abc라고 쓰면 이것을 거꾸로 한 수는 cba입니다. 여기에서 a는 100의 자리, b는 10의 자리, 그리고 c는 1의 자리인데요, 이를 아래와 같이 표현해보겠습니다.

	100의 자리	10의 자리	1의 자리
abc	a	b	c
cba	c	b	a

이제 큰 수에서 작은 수를 뺄 차례입니다. 여기서는 a가 c보다 크다고 하죠($a>c$). 그러면 $abc-cba$를 계산해야 합니다. 1의 자리부터 차근차근 뺄셈을 해보겠습니다.

	100의 자리	10의 자리	1의 자리
abc	$a-1$	$b+9$	$c+10$
cba	c	b	a

약간의 트릭을 써보면, abc에서 a는 100의 자리이므로 $a-1$은 100을 뺀 것입니다. 100의 자리에서 100을 떼어 10의 자리에 90을, 1의 자리에 10을 줍니다. 이제 위에서 아래를 빼면 다음과 같습니다.

		100의 자리	10의 자리	1의 자리
abc		$a-1$	$b+9$	$c+10$
cba	−	c	b	a
		$a-1-c$	9	$c+10-a$

뺄셈을 해서 얻은 수를 거꾸로 해서 더해보겠습니다.

	100의 자리	10의 자리	1의 자리
	$a-1-c$	9	$c+10-a$
+	$c+10-a$	9	$a-1-c$
	9	18	9

즉, 900+180+9=1,089라는 결론을 얻습니다. 결과적으로 abc는 모두 사라지고 100의 자리에 9, 10의 자리에 18, 그리고 1의 자리에 9만 남습니다. 즉, 900+180+9=1,089라는 값이 나오는 것이죠. 어떤 세 자릿수 abc로 시작해도 결국은 1,089만 남습니다.

우리가 알아왔던 수의 표현 방식이 아닌 독특한 증명 방법입니다. 익숙한 것에서 벗어나면 다양한 표현 방법이 있을 수 있고, 때로는 더 효과적으로 생각할 수 있다는 것을 보여줍니다.

1,089의 패턴

1,089에 1에서 9까지의 수를 곱하는 식을 나열하는 것도 하나의 특별한 패턴을 갖습니다. 1에서 9까지의 수를 1,089에 곱하면 다음과 같습니다.

$$1 \times 1{,}089 = 1{,}089$$
$$2 \times 1{,}089 = 2{,}178$$
$$3 \times 1{,}089 = 3{,}267$$
$$4 \times 1{,}089 = 4{,}356$$
$$5 \times 1{,}089 = 5{,}445$$
$$6 \times 1{,}089 = 6{,}534$$
$$7 \times 1{,}089 = 7{,}623$$
$$8 \times 1{,}089 = 8{,}712$$
$$9 \times 1{,}089 = 9{,}801$$

곱해서 나온 수의 첫 번째와 두 번째 수는 하나씩 증가하고, 세 번째와 네 번째 수는 하나씩 감소하고 있습니다. 흥미로운 패턴이죠.

1,089는 2장에서 살펴본 이야기와도 관련이 있습니다. 1,089에 37을 곱하면 40,293이 되고, 이 수를 거꾸로 뒤집으면 39,204가 됩니다. 이 두 수를 더하면 79,497이 되는데, 이 수를 73으로 나누면 다시 1,089가 됩니다.

$$1{,}089 \times 37 = 40{,}293$$
$$40{,}293 \leftrightarrow 39{,}204$$
$$40{,}293 + 39{,}204 = 79{,}497$$
$$79{,}497 = 1{,}089 \times 73$$

특별함의 발견

1,089는 매우 특별하고 흥미로운 수임이 틀림없습니다. 이렇게 특별한 수를 찾다 보면 모든 수가 특별하게 느껴지기도 합니다. 수가 갖는 특별함도 있고, 때로는 수와 수가 만드는 어떤 관계가 특별하게 다가오기도 하죠. 다음과 같은 관계도 재미있습니다.

$$213 \times 122 = 25{,}986$$
$$68{,}952 = 221 \times 312$$

첫 번째 계산 결과를 순서대로 거꾸로 뒤집어서 쓴 계산이 정확하게 들어맞는 신기한 식입니다. 이런 것은 그야말로 우연이죠. 우연이지만, 이런 우연이 어떤 상황에서 어떻게 일어나는지 연구하는 학자도 있습니다. 그런 연구를 통해 새로운 이론을 만들기도 하죠. 거꾸로 뒤집어서 쓴 계산이 정확하게 들어맞는 또 하나의 식이 있습니다.

$$221 \times 113 = 24{,}973$$
$$37{,}942 = 311 \times 122$$

때로는 특별하기를 바라면서 어떤 관계를 찾아보면 평범하게만 보이던 수들에서 특별함을 발견하기도 합니다. 제 생일은 1월 13일인데요, 113이 뭐 특별한 거 없을까? 이리저리 머리를 굴리다 보니 113은 일단 피타고라스의 정리를 만족하는 수였습니다. 15, 112, 113은 다음과 같은 피타고라스의 정리를 만족합니다.

$$15^2 + 112^2 = 113^2$$

그리고 113은 수학에서 중요하게 다루는 원주율 π의 근사값을 간단하면서도 매우 정교하게 찾는 수였습니다.

$$\frac{355}{113} = 3.14159292\cdots$$

$$\pi = 3.14159265\cdots$$

여러분과 관련한 수의 특별함을 한번 찾아보세요. 나만의 특별한 수를 가지고 있는 것, 나를 특별한 사람으로 만들어줍니다.

3월 14일 파이데이

18

원주율 기념일

2월 14일은 밸런타인데이(Valentine's Day)라는 이름으로 여자가 남자에게 초콜릿을 선물합니다. 그리고 3월 14일은 화이트데이(White Day)라는 이름으로 남자가 여자에게 사탕을 선물하죠. 초콜릿 회사, 과자 회사가 상업적인 이유로 만든 기념일이긴 하지만 현대인에게는 하나의 명절이 되었습니다. 누군가의 우스갯소리로 시작한 4월 14일 블랙데이(Black Day)는 2월 14일, 3월 14일에 이성으로부터 초콜릿이나 사탕을 받지 못한 사람들이 모여서 짜장면 먹는 날이 되었습니다. 상술과 마케팅이 만들어낸 기념일이라며

비판하는 사람도 많지만, 이유야 어떻든 덕분에 서로 즐거움을 나눌 수 있다면 좋은 것이죠.

그런데 수학을 좋아하는 사람들은 3월 14일을 수학의 날로 정하자고 주장합니다. 수학에서 중요한 수인 원주율 π의 값이 3.14로 시작한다는 것은 누구나 알고 있습니다. 그러니 3월 14일을 파이데이(Pi Day)로 만들자는 거죠. 수학이 인기 없는 학문이긴 하지만, 1년에 하루 정도는 수학을 기념하는 날이 있는 것도 좋지 않을까요? 원주율 π의 값은 3.1415926…이니까 3월 14일 오후 1시 59분 26초에 기념 축포를 쏘면서 수학의 날을 기념하는 겁니다. 수학자인 저는 생각만 해도 미소가 지어집니다.

원주율은 원둘레와 지름의 비입니다. 원의 크기와 상관없이 원의 지름과 원둘레 그리고 원의 넓이는 일정한 비율을 갖기 때문에 원주율은 고정된 값을 갖는데, 이것을 π라는 기호로 나타내는 겁니다. π는 그리스 문자로 '파이'라고 읽습니다. π는 원지름과 원둘레 그리고 원의 넓이가 관련있다는 것을 의미합니다. 원의 둘레와 원의 넓이는 원의 지름만 알면 계산할 수 있는데, 그 계산에 원주율 π를 사용하는 것이죠.

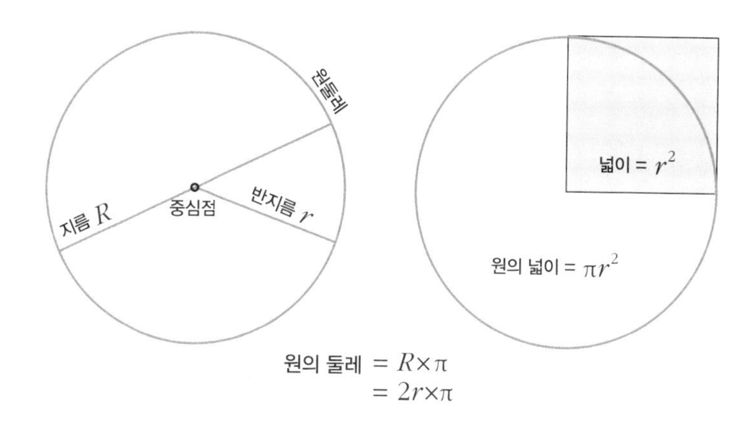

π의 근사값

원은 수학에서 가장 중요한 도형입니다. 인류의 문명에서 가장 획기적 발명품이었던 수레도 원에서 출발했지요. 지금으로부터 4,000년 전에 바빌로니아 사람들은 π의 값을 대략 3정도로 생각하고 사용했습니다. 《구약성경》의 〈열왕기상〉 7장 23절에는 다음과 같은 구절이 있습니다.

> "또 바다를 부어 만들었으니 그 직경이 십 규빗이요 그 모양이 둥글며, 그 높이는 다섯 규빗이요, 주위는 삼십 규빗 줄을 두를 만하며…."

규빗(cubit)은 라틴어에서 온 말로 히브리인들이 사용했던 길이의 단위입니다. 한 규빗은 팔꿈치에서부터 가운뎃손가락 끝까지의 길이를 말하는데 보통 45cm쯤 됩니다. 《성경》에서 직경이 10 규빗인 둥근 원의 주위가 30 규빗이라고 한 것은 원주율 π의 값을 대략 3정도로 계산했기 때문입니다.

역사적으로 π의 값을 가장 의미 있게 계산한 수학자는 아르키메데스입니다. 기원전 220년 전에 살았던 그는 원주율 π의 근사값으로 $\frac{22}{7}$를 생각해냈고, π의 값으로 3.14를 사용했습니다. 이것은 2,000년이 더 지난 지금까지도 유효하게 사용하고 있습니다.

$$\pi \cong \frac{22}{7}$$

플라톤은 가장 완벽한 도형은 원이라고 생각했습니다. 그래서 그는 완벽한 도형인 원을 현실에서는 그릴 수 없고, 이상 세계인 이데아(idea)에서만 원이 존재한다고 믿었습니다. 우리가 종이에 아주 정교하게 원을 그려도 그것은 완벽한 원을 흉내 내는 것이지 완벽한 원이 아니라는 거죠. 하지만 이상주의자 플라톤과는 반대로 매우 실용적인 수학자였던 아르키메데스는 원을 매우 현실적으로 바라봤습니다. 수학을 현실에 적용해 문제를 해결하고자 한 그는 원에 외접하는 다각형과 내접하는 다각형의 둘레를 계산해 원주율 π의 값을 얻었습니다.

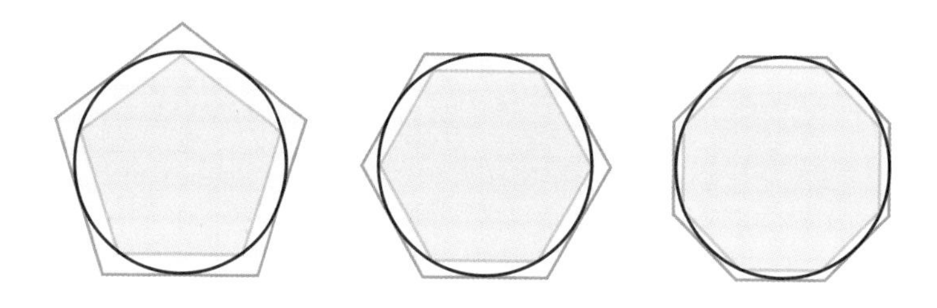

원둘레는 그것에 외접하는 다각형의 둘레보다 짧고, 내접하는 다각형보다 길겠죠. 이때 다각형의 변이 많을수록 외접하는 도형과 내접하는 도형의 둘레 차는 작아지므로 원둘레에 근사하게 됩니다. 아르키메데스는 정96각형을 이용해 다음과 같이 계산했습니다.

$$\frac{223}{71} < \pi < \frac{220}{70}$$

한편 옛날 중국에서는 원주율 π의 근사값은 $\frac{355}{113}$이라고 여겼습니다. $\frac{22}{7}$와 $\frac{355}{113}$를 비교해보면 $\frac{355}{113}$가 원주율 π값에 더 정밀하게 접근합니다. 하지만 $\frac{22}{7}$가 더 실용적이고, 근사값으로도 충분한 수입니다.

아르키메데스와 가우스

수학에서 가장 권위 있는 상으로 필즈상이 있습니다. 인류 역사상 가장 위대한 세 명의 수학자를 꼽으라면 대부분 아르키메데스,

뉴턴, 그리고 가우스를 꼽는데, 필즈상 수상자에게 수여하는 메달에는 아르키메데스의 초상이 들어 있습니다. 3월 14일을 파이데이로 정하자는 주장에서 더 나아가 아르키메데스를 좋아하는 사람들은 7월 22일도 또 하나의 파이데이로 기념해야 한다고 말합니다.

아르키메데스가 새겨진 필즈상 메달

원은 모든 도형 중 가장 흥미로운 도형입니다. 원과 관련한 아주 오래된 문제가 하나 있습니다. 고대 그리스에서부터 내려오는 전통적인 수학 문제 중 하나죠.

'원과 같은 넓이를 갖는 정사각형을 눈금이 없는 자와 컴퍼스만으로 그려내는 것'입니다. 어떤 원이 주어졌을 때 그 원과 넓이가 같은 정사각형을 작도하는 것이죠. 아무도 풀지 못하는 문제를 자신이 풀어서 위대한 수학자가 되고 싶은 마음에 많은 수학자가 이 문제에 도전했습니다. 하지만 아직까지 성공한 사람이 없습니다.

이는 원적문제(squaring the circle)라고 부르는데요, 영어권에서 이 문장은 '불가능하다'는 관용구이기도 합니다. 실제로 수학자들은 "원과 같은 넓이를 갖는 정사각형을 작도하는 것은 불가능하다"는 것을 수학적으로 증명하기도 했습니다. 이런 과정을 통해 π라는 수는 무리수이면서 대수방정식의 해가 될 수 없는 초월수라는 것을 알게 되었습니다.

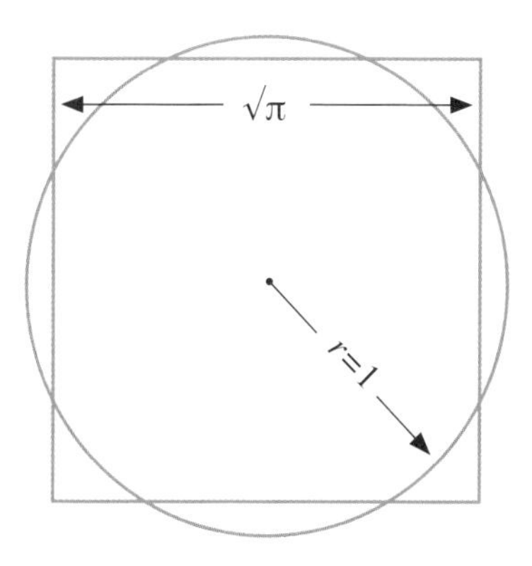

작도에 관해서는 재미있는 이야기가 있습니다. 2,300년 전 유클리드는 《원론》이라는 역사상 가장 중요한 수학책을 씁니다. 그는 정삼각형, 정오각형의 작도에 대해 소개하면서 정칠각형의 작도에 대해서는 언급하지 않았습니다. 여기에 많은 수학자가 의문을 품었지요. 그리고 다들 정칠각형을 작도해 유클리드도 보여주지 못한 대단한 수학적 업적을 남기고자 했습니다. 그리고 유클리드 이후 2,000년도 더 지나서야 가우스(Gauss)라는 17세 소년이 정칠각형, 정11각형, 정13각형의 작도는 불가능하다는 것을 수학적으로 증명합니다. 그리고 거기에 더해 당시까지 알려지지 않은 정17각형의 작도가 가능하다는 것을 수학적으로 증명했고, 그 작도 방법까지 공개했습니다.

당시 수학자들에게 그의 증명은 매우 충격적이었습니다. 소년 가우스도 스스로가 이룩한 업적에 깊은 감명을 받았다고 합니다. 여담이지만 자신의 업적에 자신이 감동을 받는다니 정말 부러운 일이죠. 그리고 그 증명은 가우스의 인생에서도 매우 중요한 사건이었습니다. 17세 가우스는 언어학을 전공하기 위해 준비하고 있었는데, 정17각형의 작도를 계기로 수학으로 전공을 바꾸고 평생 수학을 연구했습니다. 천재의 삶은 정말 신기합니다. 인류 역사상 가장 위대한 수학자 중 한 명인 가우스가 수학을 전공하지 않았다면 수학과 인류의 역사는 어떻게 바뀌었을까요?

성인이 된 가우스는 자신이 죽으면 묘비에 정17각형을 남겨달라고 했습니다. 누구나 자신의 가장 자랑스러운 업적을 묘비에 남기고 싶어 하는 것처럼 그도 정17각형을 인생 최대의 업적으로 꼽았습니다.

그런데 막상 가우스가 죽고, 그의 유언대로 묘비에 정17각형을 새기려고 하니 원과 거의 구별이 가지 않았다고 합니다. 그래서 그의 묘비에는 정17각형을 의미하는 별을 새겨 넣었다고 합니다.

가우스의 묘비에 새긴 별

아르키메데스도 자신의 묘비에 자신이 발견한 원뿔과 구 그리고 원통의 부피가 1:2:3의 비율을 갖는다는 사실을 기록해달라고 했습니다. 아르키메데스 역시 이것이 가장 아름다운 수학의 발견이라고 생각했을 것입니다.

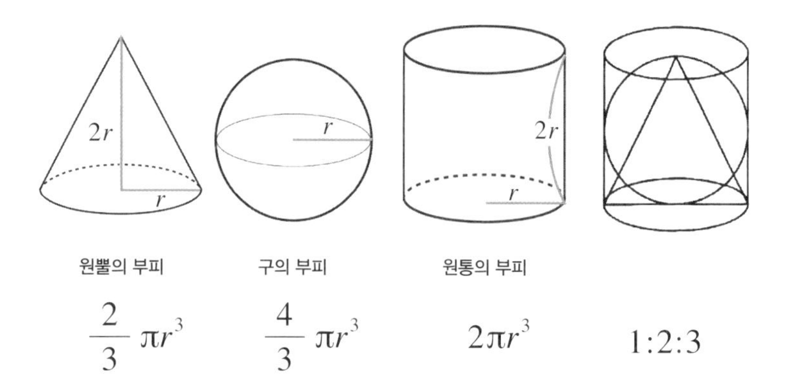

π값을 계산하라

π의 정확한 값은 알 수 없습니다. 무리수이기 때문인데요, π가 무리수라는 것은 1768년 수학자 요한 하인리히 람베르트(Johann Heinrich Lambert)에 의해 증명되었습니다. π값을 소수로 풀어 써보면 예측 가능한 패턴 없이 무한히 계속됩니다.

수학자들이 π의 값을 표현한 방식으로는 다음과 같은 것들이 알려져 있습니다.

• **비에트**(Viete)

$$\frac{2}{\pi} = \frac{\sqrt{2}}{2} \times \frac{\sqrt{2+\sqrt{2}}}{2} \times \frac{\sqrt{2+\sqrt{2+\sqrt{2}}}}{2} \times \cdots$$

- **월리스**(Wallis)

$$\frac{\pi}{2} = \left(\frac{2}{1}\times\frac{2}{3}\right)\left(\frac{4}{3}\times\frac{4}{5}\right)\left(\frac{6}{5}\times\frac{6}{7}\right)\cdots$$

π는 무한급수 형태로 쓰이기도 하는데요, 다음과 같습니다.

$$\frac{\pi}{4} = 1 - \frac{1}{3} + \frac{1}{5} - \frac{1}{7} + \frac{1}{9} - \frac{1}{11} + \cdots$$

이 급수는 π의 값을 잘 나타내고 있지만, π로 수렴하는 과정이 매우 느려서 π의 값을 효과적으로 계산하지는 못합니다. 그래서 오일러가 발견한 다음의 급수가 수학에서 매우 중요한 의미를 갖습니다.

$$\frac{\pi^2}{6} = \frac{1}{1^2} + \frac{1}{2^2} + \frac{1}{3^2} + \cdots$$

이 급수는 17세기에 처음 제시된 것으로 '바젤 문제'라고 부릅니다, 80년 동안 그 값을 알 수 없던 수수께끼였습니다. 이 어려운 문제를 처음 푼 사람이 오일러입니다. 오일러는 이 급수의 값으로 $\frac{\pi^2}{6}$을 제시했는데, 당시 사람들은 원주율 π가 답에 나오는 것을 매우 신기하게 여겼다고 합니다. 오일러는 이 급수를 일반화하여 앞서 언급한 리만 제타 함수를 제시했습니다.

π의 값을 다음과 같이 보여주기도 합니다. 원에서 나온 값인 π가

원과 상관없이 다양한 수식으로 표현되는 것이 신기합니다.

$$\pi = 3 + \cfrac{1^2}{6 + \cfrac{3^2}{6 + \cfrac{5^2}{6 + \cfrac{7^2}{6 + \cfrac{9^2}{6 + \cdots}}}}}$$

혼자 수학을 배우고 연구한 신비로운 수학자 라마누잔은 π의 값에 놀랍도록 가까운 근사치를 제시했습니다.

$$\frac{9{,}801}{4{,}412}\sqrt{2} = 3.1415927\cdots$$
$$\pi = 3.1415926\cdots$$

단순한 분수에 $\sqrt{2}$ 를 곱한 값이 π의 값과 매우 근접하다는 것이 신기합니다. 라마누잔이 제시한 π에 관한 식은 또 있습니다.

$$\frac{1}{\pi} = \frac{2\sqrt{2}}{9801}\sum_{k=0}^{\infty}\frac{(4k)!(1103+26390k)}{(k!)^4 396^{4k}}$$

앞에서 오일러의 공식을 세상에서 가장 아름다운 수학 공식이라고 소개했습니다. 그에 반해 π의 값을 찾는 라마누잔의 이 공식은 세상에서 가장 못생긴 공식이라 부릅니다. 보고 있으면 수학자도 머리가 지끈거린다는 거죠.

π의 값을 나타내는 수학 공식도 많고, 실제로 수학자들은 π의 값을 엄청난 자릿수까지 계산합니다. 2016년 11월 11일 스위스의 입자 물리학자인 페터 트뤼프(Peter Trüb)는 105일 동안 π의 값을 소수점 이하 22조 4,591억 5,771만 8,361자리까지 계산해냈습니다. 앞으로도 이런 도전은 계속되겠지요. 사람들이 이렇게 고집스럽게 π의 값을 계산하는 이유는 컴퓨터의 성능이 얼마나 좋은지 판단하려고 하는 목적도 있습니다. 하지만 우리가 실제로 π의 값을 이용할 때는 3.14 이상으로 정확한 계산을 할 일은 거의 없을 겁니다.

신기하고 재미있는 π

π의 값을 나타내는 방법 중에는 다음과 같이 $\sqrt{2}$와 $\sqrt{3}$으로만 만들어진 식도 있습니다.

$$\sqrt{2} = 1.41\cdots$$

$$\sqrt{3} = 1.73\cdots$$

$$\sqrt{2} + \sqrt{3} = 3.14\cdots$$

$$\sqrt{2} + \sqrt{3} \cong \pi$$

사람들은 계속해서 새로운 것을 발견하고 싶어 합니다. 수학자들도 그렇습니다. 가령 예측 가능하지 않은 무리수 π 안에서 "혹시 0123456789와 같은 배열을 찾을 수 있을까?"와 같은 질문을 해보는 것입니다. 무한히 써나갈 수 있는 π의 값 속에는 이런 숫자 배열이 어딘가에 있을 겁니다. 하지만 그걸 찾을 수 있을지는 알 수 없었죠. 컴퓨터의 발전으로 1997년에 이수의 배열이 17,387,594,880번째 자리에서 시작한다는 것이 밝혀졌습니다. 천재 물리학자 리처드 파인먼은 999999와 같은 수의 배열이 π의 762번째 자리에서 시작한다고 말하기도 했습니다.

처음 이야기를 시작한 파이데이로 돌아가겠습니다. 3월 14일은 2장에서 이야기한 73과도 관련이 있습니다. 1월 1일 새로운 해가 시작되고 73번째 날이 바로 3월 14일입니다. 1879년 3월 14일 파이데이에는 아인슈타인이 태어났고, 2018년 3월 14일 파이데이에는 스티븐 호킹이 하늘의 별이 되었다고 합니다. 이야기는 찾으면 찾을수록 새롭게 탄생합니다. 궁금해하고, 답을 찾고, 또 다른 답을 찾아보고… 생각에는 한계가 없습니다.

수학을 잘하는 사람은

19

세계적 난제를 풀어낸 비결

미국의 어느 대학교 수학 수업에서 있던 일입니다. 한 학생이 수업 시간에 늦었는데, 그날따라 교수님이 수업을 일찍 끝냈습니다. 수업 중간에 들어간 그 학생은 교수님 강의를 별로 듣지 못하고 칠판에 적혀 있는 문제 2개를 노트에 적었습니다. 수업은 듣지 못했어도 숙제는 제대로 해야겠다고 생각한 이 학생은 집에 와서 문제를 열심히 풀었습니다. 며칠 동안 열심히 들여다봐도 문제는 풀리지 않았습니다. 많은 시간을 들여 문제와 씨름했지만, 결국 두 문제 중 한 문제밖에 풀지 못했습니다. 풀이 죽은 학생은 고개를 들지 못하고 교수님께 찾아가 리포트를 제출했는데요, 이 학생의 리포트를 본 교수님은 깜짝 놀라며 말했습니다.

"이 문제는 자네가 풀 수 있는 문제가 아닐세. 자네가 이걸 풀다니 정말 놀랍구먼."

이야기는 이랬습니다. 교수님은 수업 중에 세계적 석학들이 '이건 잘 풀리지 않는다'고 공개한 문제(open problem)를 학생들에게 소개한 것이죠. 최근 몇십 년 동안 아무도 풀지 못한 문제를 지각했던 그 학생이 숙제인 줄 착각하고 풀어낸 겁니다. 그 학생의 리포트는 세계 랭킹 1위의 학술지에 실렸고, 그는 유명한 수학자가 되었습니다.

천재들의 일화는 정말 영화 같습니다. "역시 수학은 타고난 천재들이 하는 거구나!"하는 신화를 만들어내죠. 그런데 저는 이런 의문을 가져봤습니다. '만약 이야기 속의 대학생이 칠판에 적혀 있던 문제가 세계적 수학자들도 풀지 못한 문제라는 것을 알았다면 풀 수 있었을까?'

여러분은 어떻게 생각하나요? 분명 이 이야기의 주인공은 천재임이 틀림없습니다. 그런데 제아무리 천재라도 칠판에 적힌 문제가 세계적 수학자들도 풀지 못한 것이라는 걸 알았다면 그 문제를 풀 수 있었을까요? 아닐 겁니다. 며칠 동안 열심히 문제 풀이에 도전했을 지도 모르죠. 하지만 문제는 잘 풀리지 않았을 것이며 그는 '세계적 수학자들이 요즘 이런 고민을 하고 있구나'라고 생각하며 그냥 넘어갔을 겁니다. 그러나 이야기 속 대학생은 문제를 끝까지 열심히 풀었습니다. 왜냐하면 다른 친구들은 다 푸는 숙제라고 생각했기 때문이죠. 자신이 충분히 풀 수 있는 문제라고 생각했기에 해결할 수 있었습니다.

모든 일이 이와 비슷합니다. 할 수 있는 일이라고 생각하면 할 수 있고, 불가능한 일이라고 생각하면 해낼 수 없습니다. 정답이 정해져 있는 수학 문제도 어떻게 마음먹느냐에 따라 답을 구하기도 하고, 구할 수 없기도 합니다. 하물며 정답이 없는 우리 삶의 많은 문제는 내가 어떻게 생각하고 어떻게 도전하느냐에 따라 답이 결정됩니다. 중요한 것은 자신감, 할 수 있다는 생각입니다.

수학 자신감

이런 문제를 본 적이 있습니다. 다음 문제를 한번 풀어보시죠.

연립방정식 $\begin{cases} \log_2(x-3) = \log^2(y+1) \\ x + y - 8 = 0 \end{cases}$ **의 해를**

$x = a, y = b$**라 할 때,** $a + b$**의 값을 구하세요.**

이 문제의 정답률이 71%라는 것에 놀랐던 기억이 납니다. 이 문제를 틀린 29%의 학생들은 처음부터 문제를 풀어볼 생각도 하지 않았을 겁니다. 아니면 '나는 수학 몰라'하며 풀지 못할 거라는 믿음을 가지고 문제를 대했을 겁니다.

문제 속에 $x+y-8=0$이 있기 때문에 $x=a$, $y=b$라 할 때 답은 $a+b=8$입니다. 문제만 봐도 답을 알 수 있는데, 문제를 읽지 않았으니 답을 못 찾는 거죠. 스스로 풀지 못할 거라고 생각하기 때문에 문제 조차 읽지 않은 겁니다. 아래 문제도 한번 보실까요?

$2^{1^{3^{6^{7}}}}$ 를 계산하면?

A) 2
B) 4
C) 8
D) 16

매우 복잡한 지수의 계산 문제인데요, 이것도 문제를 잘 읽으면 바로 답을 알 수 있습니다. 하지만 많은 사람들이 '나는 이런 거 몰라'라며 문제 자체를 읽지 않습니다. 그런 사람은 당연히 답을 낼 수 없죠. 문제의 중간에 1을 보세요. 1의 3승의 6승의 7승을 아무리

해도 결과는 1이죠. 따라서 결과는 2이고 답은 A)2입니다.

기술보다 마인드가 중요하다고 다들 말합니다. 때로는 마인드가 가장 중요한 기술이 된다고도 하죠. 수학에서도 개념을 이해하고 문제를 푸는 기술을 익히는 것이 중요하지만, 기본적으로 내가 충분히 풀 수 있다는 마음의 태도, 자신감이 중요합니다. 수동적으로 해결의 아이디어가 떠오르기를 바라는 것이 아니라, 적극적·능동적으로 문제에 달려들어 이렇게 저렇게 아이디어를 만들어보는 태도가 중요합니다. 적극적으로 수학 문제에 접근하는 겁니다.

수학 센스

여기에 문제 해결을 위해 필요한 한 가지를 더 추가하면, 그것은 바로 센스를 발휘하는 것입니다. 센스는 남이 가르쳐주는 것이 아니라 스스로 터득하는 것이죠. 감각을 경험하고 그것을 축적시키는 것이 중요합니다. 이것이 가장 큰 경쟁력이 되는 거죠. 사실 센스는 사소한 것입니다. 사소한 생각, 사소한 아이디어를 쌓는 겁니다. 예를 들어 다음과 같은 계산을 한번 볼까요?

$$\begin{array}{r} 8{,}600 \\ -\ 2{,}437 \\ \hline \end{array} \Rightarrow \begin{array}{r} 7{,}999 \\ -\ 2{,}436 \\ \hline \end{array}$$

이런 계산은 누구나 충분히 할 수 있습니다. 그래도 이 계산을 오른쪽과 같이 약간 바꿔서 한다면 조금 더 쉬워지고, 실수도 줄일 수 있겠죠. 이런 아주 작은 시도가 수학의 감각을 쌓아갑니다.

매우 흥미로운 연구 결과 하나를 소개합니다. 먼저 다음 계산을 한번 해보시죠.

$$21 - 6 =$$
$$18 \times 5 =$$

미국 스탠퍼드 대학교의 연구에 의하면, 이 계산을 학생들에게 보여주면 수학을 좋아하고 잘하는 학생은 21-6=20-5와 같이 간단하고 쉬운 형태로 바꿔서 계산한다고 합니다. 반면 수학을 싫어하고 성적이 좋지 못한 학생은 '21-6'을 하기 위해 21, 20, 19, 18, 17, 16과 같이 숫자를 세며 선생님이 가르쳐준 방법으로만 계산했다고 합니다.

21-6과 20-5을 한번 비교해보세요. 어떤 계산이 좀 더 어렵습니까? 21-6이 좀 더 어렵죠. 어려운 계산을 한 학생은 틀릴 가능성도 높습니다. 학생이 이 문제를 틀리면 선생님은 어떻게 할까요? 비슷한 문제를 10개 주면서 풀라고 하겠죠. "이거 확실하게 공부해야 해"라고 충고하면서요. 비슷한 문제를 10개 풀면서 학생은 어떤 생각을 할까요? '아, 지겨워! 나는 수학이 싫어! 나는 수학 머리가

없나 봐!'라는 생각을 합니다. 반면 21-6=20-5와 같이 간단하고 쉬운 형태로 바꿔서 빠르게 계산한 학생들은 자신감에 칭찬까지 받으며 "수학 재미있어요! 또 풀고 싶어요"라며 더 많은 문제를 접하게 되고, 수학을 대하는 감각이 자라 점점 더 잘하게 됩니다. 선생님이 가르쳐준 방법대로만 한 학생은 수학을 싫어하게 되고, 선생님이 가르쳐주지 않은 방법으로 문제를 푼 학생은 수학을 좋아하게 된다는 역설적 결과가 흥미롭습니다.

우리가 무언가를 배울 때에는 보통 두 가지 방법으로 다가갑니다. 남이 가르쳐주는 방식이 있고, 내가 스스로 배우는 방식이 있죠. 남이 가르쳐주는 것에만 초점을 맞춘다면 한 가지 방법으로만 배우게 됩니다. 반면 내가 스스로 배우는 방식으로 접근하면 다양한 방법을 습득할 수 있습니다. 그래서 남이 가르쳐주는 것보다 스스로 배울 때 더 다양한 방식을 알 수 있습니다. 앞에서 18×5를 어떻게 계산하셨습니까? 사람들은 같은 문제도 다양한 방법으로 계산합니다.

① $18 \times 5 = 10 \times 5 + 8 \times 5 = 50 + 40 = 90$

② $18 \times 5 = 9 \times 2 \times 5 = 9 \times 10 = 90$

③ $18 \times 5 = 18 \times \frac{10}{2} = \frac{180}{2} = 90$

단순한 계산 하나도 다양한 방법으로 할 수 있는데, 선생님은 대부분 한 가지 방법만 가르쳐줍니다. 교과서에 나와 있는 방법으로만요. 선생님이 말한 방법보다 더 좋은 방법을 찾아낸다는 생각으로 다양한 방법을 시도할 필요가 있습니다.

수학 교실의 모습

학창 시절의 수학 시간을 돌아보면 안타까운 점이 많습니다. '수포자'란 말을 들어보셨죠? 수학을 포기한 사람이란 뜻인데, 많은 학생이 수학을 포기하고 수학을 공부할 시간에 다른 과목을 공부하며 입시를 준비합니다. 수포자가 늘어나는 것은 수학 선생님의 책임도 큽니다. 선생님 한 명의 책임이라기보다는 학교라는 조직의 어쩔 수 없는 한계라고 할 수 있지요. 이런 질문을 해볼까요?

"한 반에 전국 꼴찌부터 전국 1등까지의 학생들이 있습니다. 선생님은 어떤 학생의 눈높이에 맞게 수업을 진행해야 할까요?"

하위권 학생의 눈높이로 수업을 하면 수학을 포기하는 학생이 줄어들 것이고, 상위권 학생의 눈높이로 수업을 하면 공부를 잘하는 학생들이 수준 높은 공부를 하게 될 것입니다. 누구도 쉽게 결론 낼 수 없는 문제입니다.

포기하지 않고
공부한다

높은 수준의
공부를 한다

꼴등

일등

많은 선생님들은 스스로가 엘리트처럼 보이길 원합니다. 그래서 수학 문제를 어렵게 내고 소수의 학생만 좋은 점수를 받을 수 있게 합니다. 그 소수의 수학 영재들과 자신을 동일시하며 자신이 수학 영재를 키운다는 자부심을 갖는 거죠. 이런 수학 영재를 키운다는 엘리트 주의는 좋은 머리를 타고난 특별한 사람만이 수학을 잘할 수 있다는 분위기를 조성합니다. 그래서 엘리트에 포함되지 않는 많은 학생을 수포자로 만드는 것이죠.

가령, 어떤 선생님의 수학 시험은 너무 어려워서 70%의 학생이 50점도 못 받고, 5%의 학생이 90점 이상을 받고, 공부를 잘하는 상위 10%의 학생들도 겨우 80점을 넘긴다고 생각해보죠. 이런 시험으로 수학을 잘하는 상위 5~10%의 학생을 가려내고, 그들에게 수준 높은 수학을 가르친다는 자부심을 갖는 선생님도 있을 겁니다. 그런데 시험에서 70%의 학생이 낙제에 해당하는 50점도 못 받았다면 그 선생님이 자신이 수학을 잘못 가르쳤다는 증명이기도 합니다.

선생님은 학생의 재능을 평가해야 할까요? 아니면 학생의 노력을 평가해야 할까요? 재능과 노력이 합쳐져서 같은 점수를 받은 두 학생이 있다면 선생님은 누구에게 더 높은 점수를 줘야 할까요?

질문 ①

대학 입시에서 동점을 받은 두 사람 중 누구를 합격시킬 것인가?

① 나이 어린 사람

② 나이 많은 사람

질문 ②

같은 문제를 풀었을 때 누구에게 더 높은 점수를 줄 것인가?

① 10분 만에 푼 학생

② 1시간 동안 푼 학생

우리나라의 대학 입시에서는 동점인 두 사람 중 나이 어린 사람을 뽑습니다. 같은 점수를 받았다는 것은 같은 능력을 갖고 있다는 것을 의미하는데, 노력보다는 재능이 있는 사람을 더 선호하는 것입니다. 같은 문제를 풀었을 때 1시간 동안 푼 학생보다 10분 만에 푼 학생에게 더 높은 점수를 준다면 그가 더 재능 있다고 생각하고 노력보다는 그 재능에 더 높은 점수를 주는 것입니다. 이러한 선택은 우리가 평소에 중요시하는 신념과 다릅니다. 자기 모순에 빠진 것이죠.

성장 마인드세트

대단한 재능을 갖고 태어난 것은 자랑거리일까요? 아니면 어려운 난관을 극복하고 특별한 성취를 이룬 것이 자랑거리일까요? 또 복권에 당첨되어 부자가 된 것과 열심히 노력하고 자신의 능력을 발휘해 큰 부를 이룬 것 중 어떤 것이 자랑거리일까요? 우리는 보통 운 좋게 뚝딱 떨어진 행운보다는 내 힘으로 노력해 얻은 성과를 자랑스러워합니다.

미국 스탠퍼드 대학교의 캐럴 드웩(Carol Dweck) 교수는 성장 마인드세트(growth mindset)와 고정 마인드세트(fixed mindset)에 대한 이론을 제시합니다. 어떤 사람은 지능이나 재능을 고정된 것으로 봅니다. 이 사람은 고정 마인드세트를 갖고 있는 것이죠. 고정 마인드세트를 지닌 사람은 내성적 사람이 외향적으로 바뀔 수 없다고 생각합니다. 지능과 재능 같은 것도 결정되어 있어서 노력으로 어느 정도까지는 향상시킬 수 있겠지만, 한계가 있다고 생각합니다. 반면, 성장 마인드세트를 지닌 사람은 지능이나 재능을 고정된 것으로 보지 않고 항상 변하는 것으로 생각합니다. 만약 내가 이번에 성적이 나빴거나 또는 시험을 통과하지 못했어도 그것을 실패로 보지 않습니다. 단지 한 번의 결과로만 보는 것이죠.

다양하고 복잡한 가치가 연결된 현대를 살아가는 우리에게 필요한 것은 성장 마인드세트입니다. 자신의 잠재력을 깨닫고 주어진 상황 속에서 새롭게 변화하고, 성장하기 위해 노력하는 태도가 필요합니다. "나는 창의적인 사람인가? 아닌가?"라는 물음보다 "어떻게 하면 나의 창의성을 키울 수 있을까?"가 진짜 질문이 되어야 합니다. "나는 리더로서 자질이 있는가? 없는가?"라는 판단보다 "어떻게 하면 리더십을 키울 수 있을까?"와 같은 질문이 필요합니다. 나의 능력은 정해진 것이 아니라 자라는 것, 즉 성장시켜가는 것입니다.

성장 마인드세트를 갖고, 센스를 키워가며 한 단계 한 단계 나아가면 누구라도 수학을 잘하게 됩니다. 그리고 처음 이야기한 것처럼 자신감, 할 수 있다는 생각이 중요합니다.

강의를 다니다 보면 "어떻게 하면 수학을 잘할 수 있냐?"는 질문을 많이 합니다. 그 질문에 저는 이렇게 답합니다. "수학을 잘하는 기본은 다음과 같은 상승효과를 만드는 것입니다."

수학의 상승효과

수학을 잘하는 학생은 스스로 '나는 수학을 잘한다'는 생각으로 출발합니다. 반면 수학을 못하는 학생 역시 스스로 '나는 수학을 잘 못한다'는 생각에서 출발합니다. 스스로 수학을 잘한다고 생각하는 학생은 문제를 적극적으로 풀고, 스스로 수학을 못한다고 생각하는 학생은 문제를 소극적으로 풉니다. 소극적으로 접근한 문

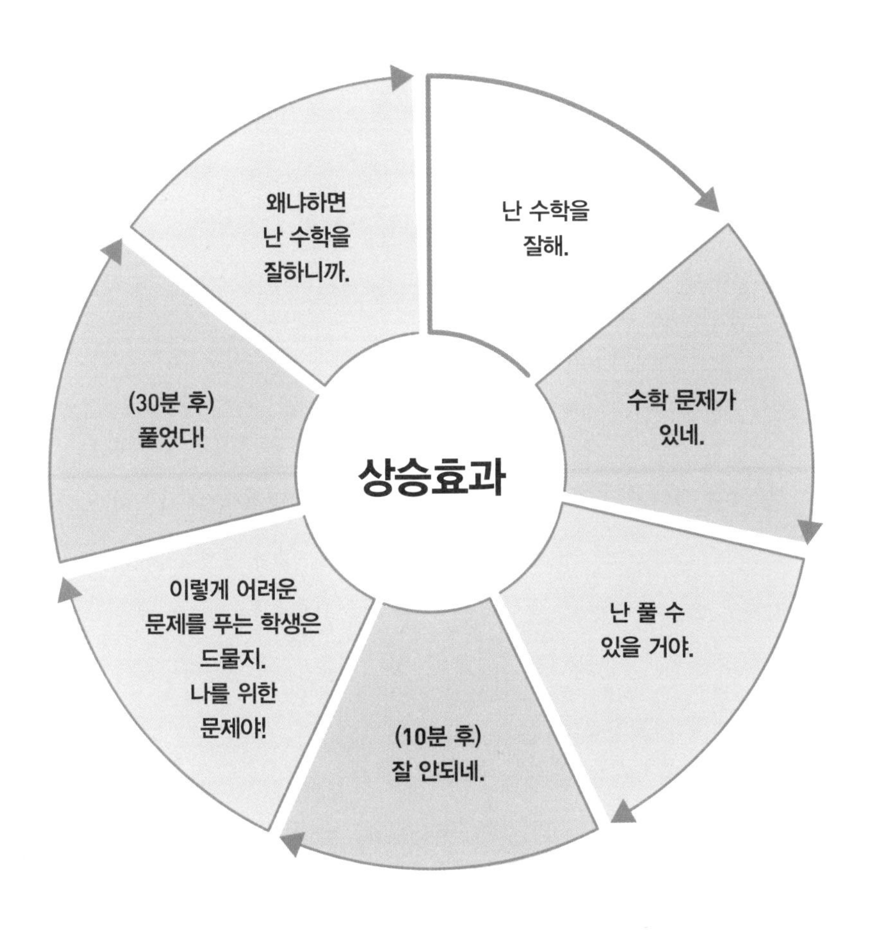
상승효과
난 수학을
잘해.
수학 문제가
있네.
난 풀 수
있을 거야.
(10분 후)
잘 안되네.
이렇게 어려운
문제를 푸는 학생은
드물지.
나를 위한
문제야!
(30분 후)
풀었다!
왜냐하면
난 수학을
잘하니까.

제는 잘 풀리지 않고, 수학을 못한다고 생각한 학생은 거기에서 포기합니다. "난 역시 수학을 못해" 하면서요. 반면, 수학을 잘한다고 생각하고 적극적으로 집중한 학생은 대부분 문제를 풀어냅니다. 만약 정해진 시간에 풀리지 않으면 그 학생은 문제를 칭찬합니다. "좋은 문제야! 이런 문제를 풀 만한 사람은 나밖에 없지." 이런 생각으로 문제 풀이에 주어진 시간이 10분이라도 30분의 시간을 기꺼이 투자해 결국 문제를 풀어냅니다. 30분의 시간을 투입해 문제를 풀어낸 학생은 다시 한번 결론을 내립니다. "역시 나는 수학을 잘해!"

어쩌면 우리가 살면서 겪는 모든 일은 수학을 닮았습니다. 때로는 너무 어렵기도 하고, 너무 어렵게 만드는 사람을 만나기도 하고요. 가끔은 스스로 위축되기도 하죠. 그러니 항상 별일 아니라고, 할 수 있는 일이라고 생각하는 마음이 중요합니다. 풀 수 있다고 생각하며 적극적으로 달려들었을 때 어려운 수학 문제의 답이 손에 잡히는 것처럼요.

그리고 평소에는 감각을 키워야 합니다. 남이 가르쳐주는 것보다 스스로 알아가는 것이 훨씬 효과적인 지식이 된다는 것을 기억하고, 성장 마인드세트를 바탕으로 상승효과를 만들어가는 것입니다. 자신에 대해 긍정적으로 생각하고, 사소한 노력을 쌓아갈 때 어느 순간 크게 성장해 있는 사실을 발견하게 될 것입니다.